炊烟里的大运河

文化中国

谷卿/主编

Chuiyan Li de Dayunhe

炊烟里的大运河

唐嘉——著

时代出版传媒股份有限公司
安徽少年儿童出版社

图书在版编目（CIP）数据

炊烟里的大运河 / 唐嘉著 ; 谷卿主编. -- 合肥 : 安徽少年儿童出版社, 2025. 6. -- (文化中国 / 谷卿主编). -- ISBN 978-7-5707-2527-4

Ⅰ. TS971.2-49

中国国家版本馆CIP数据核字第20259RC785号

WENHUA ZHONGGUO CUIYAN LI DE DAYUNHE

文化中国 · 炊烟里的大运河

谷　卿 / 主编

唐　嘉 / 著

出 版 人：李玲玲　　策　　划：高　静　陈明敏　　责任编辑：高　静

丛书题字：朱天曙　　特约校对：孟雨春　　责任印制：朱一之

出版发行：安徽少年儿童出版社　E-mail：ahse1984@163.com

新浪官方微博：http://weibo.com/ahsecbs

（安徽省合肥市翡翠路1118号出版传媒广场　邮政编码：230071）

出版部电话：（0551）63533536（办公室）　63533533（传真）

（如发现印装质量问题，影响阅读，请与本社出版部联系调换）

印　　制：安徽联众印刷有限公司

开　　本：635 mm × 900 mm　1/16　印张：11.5　字数：80千字

版　　次：2025年6月第1版　2025年6月第1次印刷

ISBN 978-7-5707-2527-4　定价：30.00元

总 序

中国，是一个历史悠久的国家，是我们成长、生活的美好家园；中国，也是一个不断更新的概念，在从“天下中心”走向“全球一员”的过程中，中国的内涵不断丰富、变化。要想真正地了解中国，其实并不容易。

以“地理中国”为视角，我们看到中华先民心目中“天圆地方”的世界，从黄河中下游及淮河流域，扩展到长城内外、南海诸岛、边疆各地；以“历史中国”为视角，我们看到周秦汉唐、宋元明清的灿烂辉煌，二十五史书写的兴废和更替；以“考古中国”为视角，我们又从那些遗物、遗址和遗迹里，探索出老祖宗们的习惯与好恶，得以窥见中华文明的第一缕曙光。

这些理解方式，或许都近似于盲人摸象：只知一点，不及其余。不过，盲人摸象也同样值得肯定，因为我们毕竟实实在在地触摸和感受到了，我们毕竟在无限靠近和贴近对方。

本丛书就是一次“摸象”的实践，我们从不同的角度、以不同的方式，去试着触碰、了解、阅读、描述我们“摸”到的中国：可能是一座山，可能是一条河，可能是这片土地上的一粒沙石、一朵花瓣、一个季节、一段旅程。通过它们，我们看到了所能感知到的最为真实的中国——中国，不再坚硬、固定、严肃，她化入和我们最亲近的万物、万事、万象，甚至和我们本身已然不可分开。

我们给本丛书命名为“文化中国”，希望让种种可见的、不可见的景观、习俗、技艺以及物质和非物质的遗存，以一种大家更容易接受的方式被看见和被了解。这将构成我们理解中国的基础，也是我们认识自己、拥抱世界、走向未来的信心之源。

愿更多的朋友加入我们的队伍，愿我们共同擘画出最美好的“文化中国”。

谷　卿

2024 年 2 月 4 日　时值立春

走，去看大运河！

ahsr 售

站 ——→ 大运河 站

年 月 日

票价：________________

持票人：______________

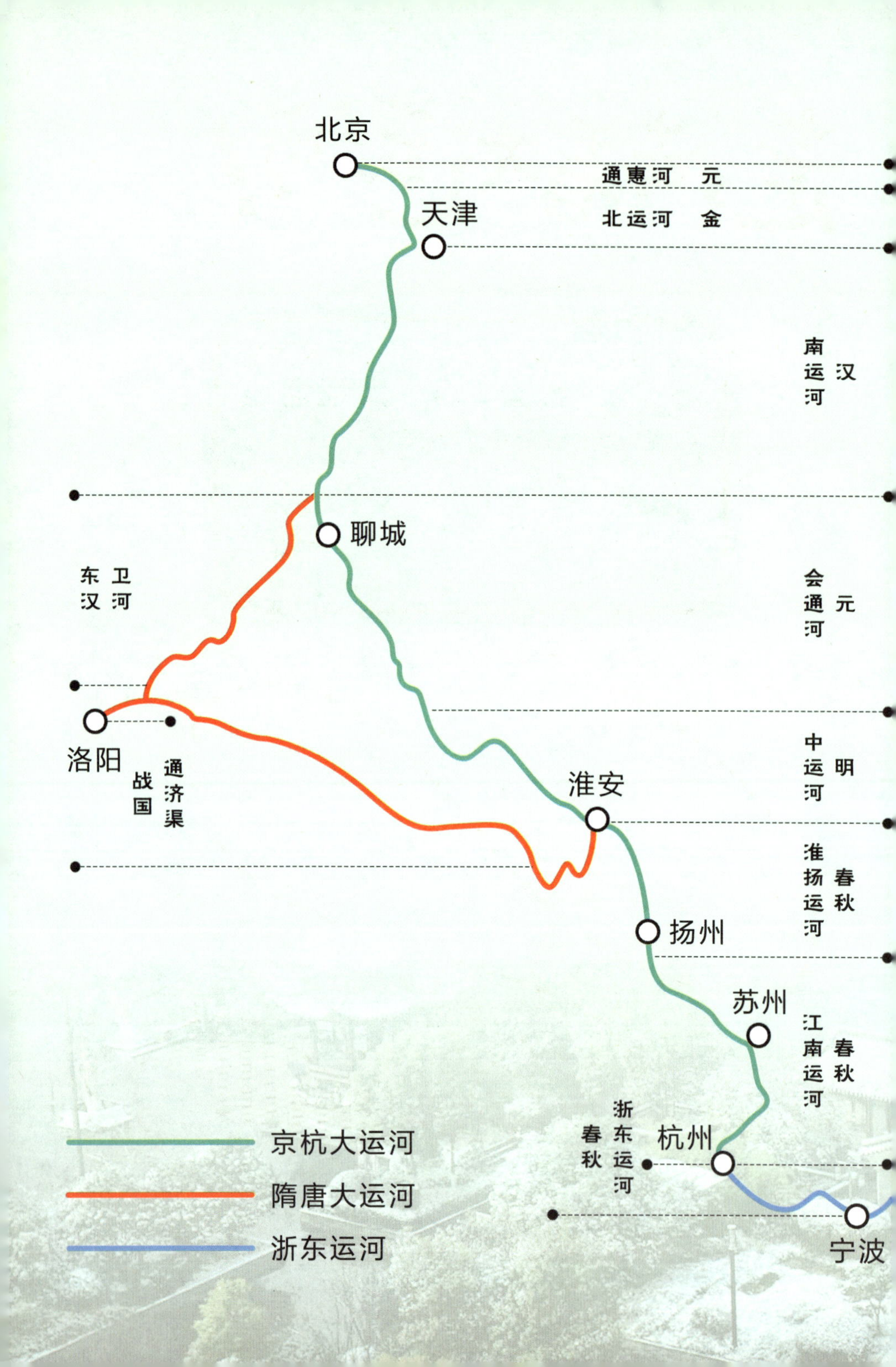
北京
通惠河 元
北运河 金
天津
南运河 汉
聊城
卫河 东汉
会通河 元
洛阳
通济渠 战国
淮安
中运河 明
淮扬运河 春秋
扬州
苏州
江南运河 春秋
浙东运河 春秋
杭州
宁波
京杭大运河
隋唐大运河
浙东运河

中国大运河

世界上最长的、开凿时间最早、规模最大的运河

- 大运河始建于公元前 486 年，由隋唐大运河（卫河、通济渠）、京杭大运河（通惠河、北运河、南运河、会通河、中运河、淮扬运河、江南运河段）、浙东运河三大部分十段河道组成。全长 2700 公里。
- 地跨北京、天津、河北、山东、河南、安徽、江苏、浙江 8 个省、直辖市，纵贯在中国华北大平原上，通达海河、黄河、淮河、长江、钱塘江五大水系，是中国古代南北交通的大动脉。
- 公元前 486 年，大运河“第一锹”的开挖者吴王夫差为了争霸中原，利用长江三角洲的天然河湖港汊，疏通了古水道，开凿了邗沟，他为运河开挖起了开创作用。
- 大运河沿线列入世界文化遗产名录的有河道 27 段，运河水工遗存、运河附属遗存、运河相关遗产等共计 58 处遗产。
- 2014 年 6 月 22 日，中国大运河在第 38 届世界遗产大会上获准列入世界遗产名录，成为中国第 46 个世界遗产项目。

北运河与燃灯塔 谷卿 / 摄

大运河常州段　姚澄 / 摄

杭州拱宸桥 · 夏　王芯克 / 摄

浙东大运河宁波舟山港　王芯克 / 摄

跟着大运河去旅行

目录

第一编

运河炊烟

饮食之道

“吃”是一天里的头等大事。路上碰见，街头相遇，一句“吃了吗”可以瞬间拉近双方的距离，复苏那些关于餐桌的记忆，如邻里邀约、老友重逢、亲人相见，寥寥数语间仿佛夹杂着饭菜的鲜香。吃得好等同于过得好，也就是过得开心、快乐、满足。

在现代汉语中，“吃”具有超强的组词能力，作为动词几乎可以与其他事物任意搭配：吃饭、吃菜、吃茶、吃酒、吃烟、吃红利、吃定心丸、吃亏、吃瘪……可以说，只要“胃口大”，没什么不能吃。

实际上，在古代汉语里，“吃”的本义是说话不流利，也就是“口吃”。东汉许慎《说文解字》里记录：“吃，言蹇难也。”上古汉语（周至秦汉）主要用“食”来表达食物进口、咀嚼、下咽这一过程，而用“吃”来表达类似含义大约始于南北朝。后来，“吃”渐渐地取代了“食”，成了我们今天使用的意思。

“吃”不仅是生存需求，还能调节心情。就像春日里去野餐、盛夏啃西瓜、秋天嚼糖炒栗子、寒冬来一口热乎乎的烤红薯，美食入口可以为我们带来类似于玩乐的淋漓与畅快，和看到优美风景、嗅到清新花香、阅读小说、听音乐一样让人愉悦。这种视觉、听觉、嗅觉、味觉的相通叫“通感”，这也是文学常用的修辞手法，特别适合表现内心深层、复杂、相互交织的情感体验。清代“特会吃”的文人美食家袁枚说：“诗者，人之性情也。近取诸身而足矣。其言动心，其色夺目，其味适口，其音悦耳，便是佳诗。”[①]在他看来，佳诗不仅可见，而且咀嚼含香，沁人心脾。

在中国与吃有关的成语和俗语，以及日常用语不少，简单列举几个：“食前方丈”“酒池肉林”形容奢靡；“钟鸣鼎食”代表出身不凡；“焚琴煮鹤”指糟蹋美好事物；“牛嚼牡丹”比喻不懂欣赏；“像吃了蜜”表达高兴情绪；“像吃了黄连”表示悲伤、难过；“酸菜脸”像极某人拉长了脸不开心的样子，感觉皱皱巴巴的；“吃不了兜着走”用来暗示对方，某种行为大概率会产生让当事人承担不了的

①出自《随园诗话补遗》。

后果；“拈不上筷子”就是上不了台面；“我吃你家大米了”，在特定语境中，表示“我”的事与“你”无关；“够你喝一壶的”，是一句发狠的话；“吃饱了撑的”，根据出现的语言环境，有管闲事、调侃等不同理解……

不会吃，会被他人取笑，比如“哀梨蒸食”就是暗讽某人不懂“吃”。据传，汉代秣陵（南京）有一个叫哀仲的人，他擅长种梨，他种出来的梨果大、味美、入口即化，最适合生食。这种梨就是“哀梨”，也称“哀家梨”。如果有人把适合生吃的哀梨蒸着吃，就会错失这种梨脆、甜、多汁的口感，是要被笑话的。

如何给菜品取名也很有讲究，讲好“吉利话”，赋予食物吉祥寓意是非常重要的。比如一种圆形米饼叫“状元饼”，炒里脊是“金榜题名”，百合芦笋称“百尺竿头”，红色剁椒鱼头名“红运当头”，用莼菜、枸杞、白果做的汤叫“步步高升”。

吃什么，怎么吃？中国人对此实践出一系列理论、规则。

吃什么？食材本身最重要。同种食物，新鲜、时令的口感、营养最佳。为了这一口鲜甜，食客不远千里，八方奔赴，到产地去，吃刚摘下来的、尝刚打起来的，品会稽之菰、巩洛之鳟、洞庭之鲋、瓜州红菱、千里莼菜、太湖白鱼、黄河鲤鱼、阳澄湖大闸蟹。苏州流传《十二月鱼谚》：正月塘鳢（lǐ）鱼、二月刀鱼、三月鳜（guì）鱼、四月鲥鱼、五月白鱼、六月鳊鱼、七月鳗鱼、八月鲃鱼、九月鲫鱼、十月草鱼、十一月鲢鱼、十二月青鱼。这些就是应季的肥美。

怎么吃？食材与调料、烹制方法相互成就。清人钱泳《履园丛话》就用“为学”比喻吃，认为山珍海味就如《廿二史》，鱼、鸭、鸡、猪就似《十三经》，葱、姜、蒜、醋、油、盐一切佐料如同诸子百家，缺一不可。做菜时，可以诗意一点，比如说“佐以盐梅”“吴盐胜雪”，就有了古意。

自庖牺氏使用火制作熟食以来，历代烹饪技艺不断发展，庖者运用蒸、煮、炖、烩、熬、灼、焯、炸、炒、烤、炙、烹、炮等方法，改善了食物的口感。烧炙是古法，一般来说，熟练掌握烧、燔（fán）、烹、炙这四种方法就能烤得一手好肉。但在清代，北方厨子认为南方厨子不擅长烧炙，所以做出来的肉脯不精，不够味儿。那时想在南方吃到好肉脯，要去当地大户人家，吃家厨做的，因为这些厨子对口味有要求，要么从北方来，要么见多识广做得好。各人有擅长，“火候”“调味”辅助食味。古人说：“物无不堪吃，唯在火候，善均五味。”

由此“味”展开，总结、抽象出一般规律，

将食物特有的色彩、形状、气味与人体对营养的需求以及身体内经络运行规律结合在一起，归纳出“性、味、归经”的特性，指导日常饮食，属于中国传统养生文化的组成部分。

中国人对于“味道”特别讲究，乐于味觉、视觉、嗅觉共通的享受。先辈们发现自然界中色彩、气味与食物的营养有一定联系，于是主动探索其中规律，想通过吃来达到保养身体的效果。他们把自然界的食物简单归纳为青、红、黄、白、黑五种色系，这样在便于把握的同时，更能和我们尝到的酸、苦、甜、辣、咸五种味道联系起来，对应身体中肝、心、脾、肺、肾所需要的主要营养。

肝色青，宜食甘，粳米、牛肉、枣、葵，皆甘。心色赤，宜食酸，小豆、犬肉李、韭，皆酸。肺色白，宜食苦，麦、羊肉、杏、薤皆苦。脾色黄，宜食咸，大豆、豕肉栗、藿，皆咸。肾色黑，宜食辛，黄黍、鸡肉、桃、葱，皆辛。辛散，酸收，甘缓，苦坚，咸软。①

《黄帝内经》是我国现存最早、影响最大的医学典籍，上面这一段总结、概括了如何饮食才能更好地强健身体。

谷类、果类、菜类、肉类要怎么配合食用才能更好地被我们吸收营养呢？《黄帝内经》认为：“五谷为养，五果为助，五畜为益，五菜为充。”古人用语简略，但蕴含丰富内容。在阅读古籍时，不仅要解释字面意思，还需联系其他相关典籍补正，最好再有一些生活阅历，才能更恰当地诠释

①选自《黄帝内经·素问》。

特定文本。

《黄帝内经》说，百病皆生于气。悲可以治怒，喜可以治悲，恐可以治喜，思可以治恐，怒可以治思，这指的是不良情绪对身体的危害以及应对方法，“喜怒哀乐”过度都不好，需要“适度”。从饮食上看，也就是“甘而不哝，酸而不酷，咸而不减，辛而不烈，淡而不薄，肥而不腻。”

为了平衡味道，可以适用带有“甜”味的调味料。酸了加点甜，辣了加了甜，苦了加点甜，咸了加点甜，就能中和那些过多的酸辣苦咸。

甜“味”虽然作用多，但适量最好，不能过分。一般来说，适度吃点天然、有机的甜食能使人愉悦，感觉真能“不生气”“少生气”“不伤悲”。胃口好，吃得香，睡得好，就没什么“坎”过不去。

口味，也随地区有所不同。比如江苏、浙江等地更喜食甜，或者酸中带甜；秦岭、淮河以北更喜咸鲜；西南一带更喜辣酸……咸、辣、酸、苦、甜组合在一起，增减分量，变幻无穷。

所谓靠水吃水，靠山吃山，中国得山水之利，物资自然丰富，山珍和水产经常摆满人们的餐桌。中国历史上，中原、关中、吴越、巴蜀、西北等各个地区有不同的饮食特点，北京、淮安、扬州、镇江、苏州、杭州、南京各有名菜，山东、江西、湖南、四川、贵州、广东、福建的肴馔也自有特色，逐渐形成了京、鲁、苏、徽、川、粤、闽、湘八大菜系。而各地饮食如何沟通与交流，还要从一条运河说起。

一条运河通南北。公元前 486 年，吴王夫差在扬州开凿“邗沟”连通长江和淮河，“大运河”正式载入史册。其后，隋唐大运河、浙东运河、京杭大运河相续贯通，大运河又连接了钱塘江、黄河、海河水系，从宁波海港入海，接通海上丝绸之路；从洛阳往西北，接通河西走廊、丝绸之路。大运河沿线，北京、天津、洛阳、开封、郑州、安阳、沧州、聊城、济宁、临清、徐州、淮安、扬州、镇江、常州、无锡、苏州、嘉兴、杭州、绍兴、宁波等大小城市，通过水网紧密联系在一起。宁波海港的鱼，绍兴的黄酒，苏州、杭州的优质稻米、茶叶，扬州、淮安的盐，各地的时鲜、香料、特产，这些种类繁多的菜品，与通过水陆运来的异国美食，一起顺着大运河的水道网络，被运往各处市集。于是，岸边某地某人想念某种吃食时，愿望不再遥不可及；胡饭、胡饼等也成为三餐之选，他乡也有故乡味道。商品流通起来，贸易也随之繁荣起来。

因为大运河有“漕运”[1]的重要功能，通过水路可以将“漕粮”运到北京，所以一些河道也称为“漕渠”“漕河”。北京城内的积水潭曾是运河船只的装卸码头，东直门“南新仓”就用来储存漕粮。此外，杭州“富义仓”，洛阳“回洛仓”“嘉含仓”也用于存放漕粮，现在都是大运河文化重要的“遗产点”。

大运河沿线居民的饮食习惯，和这一条“母亲河”息息相关，人们傍水而居，儿时记忆润泽一生。清晨，数行飞鸟划过天际，丝丝炊烟飘荡在河面，揭开了大运河忙碌的一天；傍晚，航船汽笛鸣响，屋顶上缕缕炊烟袅袅升起，一日将尽，亲朋团聚在桌前，分享这一天的见闻趣事。赴家宴的来客叩开了一扇又一扇大门，酒楼迎来一拨

①旧时指国家从水道运输粮食，供应京城或接济军需。

又一拨食客，小贩担着扁担在街巷里一路叫卖，相聚的朋友在河边小食摊杯盘相碰……烧烤的炭火刺啦刺啦，船行流水哗啦哗啦，与人间烟火有关的故事，顺着河道，就在这万丈红尘中铺开了。

这就是中国大运河的“饮食之道”。

运河炊烟升起的地方

扬州，古时的“广陵城”、大运河起点“邗沟”所在地。“烟花三月下扬州”，山水怡情，美食宜人。

扬州有个著名的鱼市叫“黄金坝鱼市”，位于高桥东。运河流经的城市，很多桥都叫“高桥”，宁波有“高桥”，嘉兴有“司马高桥”，这些桥大多因为桥身高大，船行通畅得名；也因为“高”与“高中”“高兴”“高升”等美好寓意相联系，听上去吉利。扬州这处鱼市交通便利，来自东海、长江、淮河、艾陵湖、甓社湖（高邮湖）、邵伯湖的鱼虾蟹蚌等新鲜水产都在此售卖，有鳊鱼、白鱼、鲫鱼、鲤鱼、季花鱼、青鱼、黑鱼、罗汉鱼等淡水鱼，还有鲳鳊、勒鱼、红蓼鱼、鞋底鱼等海鱼。

鳊鱼也叫“鲂（fáng）鱼”，就是“伊洛鲤鲂，贵于牛羊”中的“鲂”，与“黄河鲤鱼”“松江鲈鱼”“富春江鲥鱼”齐名。

黄金坝还是有名的鲍鱼市场。这个“鲍鱼”可不是“燕鲍翅”里的“鲍”，而是指用盐把鱼腌渍、腌腊起来，是“鲍鱼之肆”之鲍。现在酒店里菜单上的鲍鱼，以前通常称为“鳆鱼”，和“燕窝”“鱼翅”一样贵。

“鲍鱼”要用盐，扬州有盐，也占据地理优势。西汉吴王刘濞在广陵一带“即山铸钱，煮海水为盐”，积累了丰厚的物质基础。春秋时期，广陵曲江为长江干流，扬州以东靠近长江入海口，江水入海与海潮对撞形成浪潮，海潮沿江呈喇叭状入海口时上涌，形成壮观的曲江大潮——广陵潮。不少文人写过赞美广陵潮的文章，但基本在唐朝之前；唐朝以降，河流环境变化，长江入海口南移，广陵潮消失了。不过这并不影响扬州发达的水运，大运河将长江、邵伯湖、高邮湖、宝应湖、洪泽湖、白马湖、射阳湖、淮河连通起来，河道通畅，贸易发达，宁波的“黄鲞（xiǎng）”，武昌的“海鲤”，“鲨”“银鱼”“蛏”等湖味、河味、海味的“鲍鱼”都能在黄金坝买到。

“淮南鱼盐甲天下”，清代扬州是两淮盐业的生产、管理中心，盐商众多，“特许”“专商”“盐引”“世袭”制度为盐商带来巨大的垄断利润。盐商通过运河把盐运到各地，也从中赚取巨额财富。扬州小东门内夹河叫“小秦淮”，看这名字就能联想到南京秦淮河，大概都是波光粼粼、灯红酒绿的“销金处”。这里曾是扬州最繁华的地段，乘画舫在河中游荡，边吃边玩，十分惬意。

清代扬州小东门城下的铺子营业时间很长，有各种杂货铺，春夏卖牙笋、香椿、早韭、雷菌、

莴苣等时鲜；秋冬卖毛豆、芹菜、茭瓜、萝卜、冬笋、腌菜等食物；常年有冻蹄、板鸭、炸鸡、薰鸡、炸虾、螺蛳、薰鱼售卖，还有以炒田鸡、酒醋蹄、五香野鸡、火腿片等闻名的食铺，其中有一家“骨董汤”生意特别好。还有专门的店售卖酒和饮料，如冰糖三花、史国公、老虎油、果劝酒以及各种新酿饮料。

扬州曾经有一家“双虹楼”，在城外临湖近山的风景优美处，这里的点心十分有名，特别是烧饼，有糖馅、肉馅、干菜馅、苋菜馅，这在当时算是创新，开了先河。

扬州面条做得好，历史上大东门的如意馆、席珍，小东门的玉麟、桥园，西门的方鲜、林店，缺口门的杏春楼，三祝庵的黄毛，教场的常类，等等，都有特色“招牌面”。熟客吃面，点餐时有“大连”“中碗”“重二”的“行话”，以不同季节面汤分量以及面量、浇头[1]多少来定名：冬用满汤，叫“大连”；夏用半汤，叫“过桥”。不要小瞧这一碗面，“豪华版”极贵，槐月楼、双松圃、胜春楼这种高档酒楼的“大连”面，以鳇鱼、蛼（chē）螯、班鱼、羊肉做浇头，一碗面要花掉差不多当时小康人家一人一天的生活费。

在大运河流经的城镇，如“双虹楼”“山景园”这样有特色、大家慕名而去的食店还有很多，店面不必大，只需要有一两味名吃“镇店”就好。古今都是这个理。

①即卤，用料范围广，有青菜、雪菜、猪肉、羊肉、鸡肉、鳝鱼、黄鱼、蚬等。

运河两岸的俗世烟火

俗语说："三百六十行，行行出状元。"这个"行"，指行业、行当；在大运河商业发展史上，也指"行市""市肆"，简单地说就是专卖某种物品的商店。比如杭州的川广生药市、象牙玳瑁市、金银市、珍珠市、丝锦市、生帛市、枕冠市、衣绢市、花朵市、肉市、米市、银朱彩色行、金漆桌凳行、南北猪行、青器行、处布行、麻布行、青果行、海鲜行、纸扇行、麻线行、蟹行、鱼行、木行、竹行、笋行，等等。宋代杭州大概有"四百四十行"，足见商业类型之多。另外，有一些名为"团"或"作"，也属于"行"，如花团、鲞团、柑子团、篦刀作、腰带作、金银镀作等。常州的历史文化街区"青果巷"，从前叫"千果巷"，当时就是运河边果品交易的场所。"千果"指交易的果子品种多，那里不仅有店面“果行”，还有河上“果子船”、就地铺设的“果摊”，十分热闹。

从北宋东京汴梁（开封）到南宋都城临安（杭州），从开封迁到杭州的食店不少，这些店原本擅长做软羊、肚尖、腰子、石髓饭、大骨饭、泡饭等北方流行的食物，到南方又新增了一些较适合当地人口味的铺羊面、盦[①]（ān）生面、姜泼刀、盐煎面、鲚（jì）鱼[②]桐皮面、泼刀鸡鹅面、家常三刀面等，这些也挺受欢迎。衢州人开的饭店也叫“闷饭店”，因主要卖“盦”饭，家常鱼虾、粉羹、鱼面也卖，回头客多。杭州有一种特色面食叫“片儿川”，当地人好这一口，总要寻一家老馆子再品童年的味道，这是一种用雪菜、笋、肉片、酱油调成的宽汤面。

---

①古代器皿，有盖，盛放食物用。
②鳜鱼。

南宋时，杭州食肆售卖的佳品就已经相当丰盛了，有入炉炕羊、鼎煮羊、盏蒸羊、羊炙焦、白燠肉、白炸鸡、炒鸡、炕鹅、煎鸭子、虾燥三刀、海鲜头羹、松花腰子、二色茧儿、江鱼玉叶、羊头鼋（yuán）鱼、锦鸡鼋鱼、锦鸡签、蝤蛑[1]（yóu móu）签、羊血粉、香药灌肺、杂菜羹、水滑糍糕，等等，有炒、浇、盦、燥、煎、泡、烧、炕、蒸、炸、燠、糟、酿等繁杂方法，仅煎就分盐煎、糖煎、带汁煎等。小吃更是不胜枚举，昌园梅、顶山栗、南京枣、罗浮橘、洞庭橘、亢堰藕、陈公梨、松阳柿等“数得上号”的都有，还有玉消膏、乌梅膏、韵梅膏、薄荷膏、橘红膏、糖乌李、杨梅糖，以及银鱼、鲇鱼、白鱼、鲥鱼、鲫鱼、鲤鱼、鲚鱼、青鱼、比目鱼、望潮鱼、火珠鱼、鲟鳇、螃

①梭子蟹。

食店

蟹、青虾、蛤蜊、淡菜、香螺、荔枝、龙眼、香榧、橄榄、莲子、乳柑、鹅梨、甘蔗，等等，全能在食肆里吃到。

经营有道的食店大多能推出一两道“招牌菜”，这些菜口口相传，食者便会慕名而来。例如杭州杂卖场前的“甘豆汤”、戈家“蜜枣儿”、官巷口“光家羹”、大瓦子“水果子”、寿慈宫前“熟肉”、钱塘门外“宋五嫂鱼羹”、涌金门“灌肺”、中瓦前“职家羊饭”、集芳店“糟窖馒头”……不独此方，扬州的二梅轩“灌汤包子”、雨莲“春饼”、文杏园“稍麦”、品陆轩“淮饺”、小方壶“菜饺”、徐宁门问鹤楼“螃蟹面”，等等，也是各极其盛，新客旧识接踵而至。即使没有固定店铺，只摆小摊，做“油鏇饼”“甑儿糕”“松毛包子”，味道佳、用量足的，生意也能红火。

杭州西湖酒家有道“醋鱼”远近闻名，清康

熙、雍正年间，有家“五柳居”烹饪技术特别好，去杭州游玩的人必吃他家的醋鱼；但到乾隆时期，五柳居的这道菜却不好吃了，可能工艺失传了。会稽人陶元藻喜欢吃醋鱼，作诗云：“泼刺初闻柳岸傍，客楼已罢老饕[①]尝。如何宋嫂当垆后，犹论鱼羹味短长。”脍鱼加醋的方法相传为宋嫂所用，曾有“不嫌酸法桃花醋，下箸争尝宋嫂鱼”的诗句，传来传去，致使“宋嫂鱼羹”名气越来越大。

①此处指见多识广的美食家。

运河水道上的市场

苏州山塘街商业繁荣，酒楼林立，以虎阜大桥西，跨山塘河支流的“斟酌桥”附近的酒楼最占地理之利，传说春秋时越国范蠡和西施曾途经此桥，并停留议事，所以叫这个名。

斟酌桥在山塘河、东山浜、野芳浜交汇处，当年画舫云集，笙歌不辍，张大纯《过斟酌桥》诗云：“斟酌桥头花草香，画船载酒醉斜阳。桥边水作鹅黄色，也逐笙歌过半塘。”苏州水道遍布，以桥多闻名，仅山塘街区内，就有横跨山塘河的山塘桥、通贵桥、星桥、彩云桥、普济桥、望山桥和西山庙桥；竖贯的堤上还有白姆桥、毛家桥、胜安桥、白公桥、青山桥、绿水桥、斟酌桥和万点桥；对岸有同善桥、引善桥等。

引善桥旁曾有一家山景园酒楼，叠石造景，

楼有重檐飞阁，风雅有趣，亭名、堂名、楼名都请了名家题写，亭名“坐花醉月”，堂名“勺水卷石之堂”，楼名“涵翠”“笔峰”“白雪阳春阁”，顶楼飞阁额名“留仙”，深合来客心意。山景园、李家馆和三山馆在此地经营得好，苏帮菜里的鸳鸯莼菜汤、雪花蟹斗、翡翠虾仁、松鼠桂鱼、黄焖鳗鱼、糟溜鱼片、网包鲥鱼、白汤鲫鱼、蟹粉鱼翅、母油肥鸭、荷叶清蒸鸡等都是名菜，酒楼里必备几样。

“遇水架桥”也是人们与河相伴的方式。大运河沿线数量众多的桥畔多为商业发达地带，“湛湛胥江贾舶聚，万年桥上万人行”，写的就是苏州万年桥。桥旁通常有码头和商铺，现在无锡清名桥边“清名桥历史文化街区”就是餐饮业发达的“打卡点”，入夜后那里特别热闹，波光里倒映着灯影，称得上人声鼎沸。常州文亨桥旁有“大码头”，篦箕巷就在那里。民间俗语“扬州胭脂苏州花，常州梳篦第一家”，就是形容篦箕巷内商家梳篦生意做得大。“文亨穿月”“篦梁灯火”是老常州人经常念叨的美景，月光穿过文亨桥洞，铺满月色的河面荡漾着篦箕巷终夜不息的人间灯火。

人烟聚集之处，饮食业更易发展。《清明上河图》中以拱桥为中心，人流如织，各种食店密布。绍兴泾口大桥、绍兴八字桥、杭州拱宸桥、嘉兴长虹桥、苏州吴门桥周围都是商业活动的中心，人们在桥边纳凉、休闲、玩耍，当然少不了吃美食。

喧嚣的桥边市场入夜后仍然热闹，夜市里饮食是“重头戏”，灯光、炭火为食物增添了色彩，香气吸引着行人。开封繁华时最有名的“州桥夜市”，其中小吃品种之多令人咋舌。宋人孟元老《东京梦华录》中记载：

出朱雀门，直至龙津桥。自州桥南去，当街水饭、爊（āo）肉、干脯。王楼前獾儿、野狐肉、脯鸡。梅家、鹿家鹅、鸭、鸡、兔、肚肺、鳝鱼、包子、鸡皮、腰肾、鸡碎，每个不过十五文。曹家从食（从食，指卖小食品）。至朱雀门，旋煎羊白肠、鲊脯、燂（zuǎn）冻鱼头、姜豉、剿（zhé）子、抹脏、红丝、批切羊头、辣脚子、姜辣萝卜。夏月，麻腐鸡皮、麻饮细粉、素签、沙糖冰雪冷元子、水晶皂儿、生淹水木瓜、药木瓜、鸡头穰、沙糖（用沙糖渍、酿而成的芡实蜜饯）菉豆（绿豆）甘草冰雪凉水、荔枝膏、广芥瓜儿、咸菜、杏片、梅子姜、莴苣笋、芥辣瓜儿、细料馉饳儿、香糖果子、间道糖荔枝、越梅、鋙刀紫苏膏、金丝党梅、香橙元，皆用梅红匣儿盛贮。冬月，盘兔、旋炙猪皮肉、野鸭肉、滴酥水晶鲙、煎夹子、猪脏之类，直至龙津桥须脑子肉止，谓之“杂嚼”，直至三更。

这一段夜市从朱雀门至龙津桥，从华灯初上至半夜。

繁华既相同又不同，扬州有“夜市千灯照碧云”；济宁是“百物聚处，客商往来，南北通衢，不分昼夜”；深夜，海宁长安镇闸塘湾的米市仍在交易，“粮船米艘停泊两岸，绵亘遥接石界。夜望灯火万点，星芒错落，辉映上下，水波风动，又作万道烛龙，蜿蜒天际”。商业发达的城镇在大运河沿线串成的“不夜城”如繁星璀璨，而美食，于其中更是必不可少。

苏州运河沿线，商铺布局大多设正门、后道，正门朝街，后面临河作仓库，设有通道，方便船只进出、装卸货物。鱼行邻河的，前门临街做生意收钱，后门近水处围一个“潭子”，放上几只大竹篓子，用“活水”养着从渔民那里收购的鱼虾，这样既省空间，顾客也会相信河鲜够新鲜。

旧时，苏州有“卖鱼船”在船上售卖水产，临河人家在自家窗口或晒台处买鱼，先和船家谈好价钱，再用一只筐子装上钱，吊到卖鱼船上，卖者收钱、装鱼，买者拉筐、收鱼，交易完成。买家如果有船，买卖双方就在水上交易。黄兆麟的《苏台竹枝词》：“一夜腥风散水乡，阊门昨天太湖航。家家坐艇买鲜去，尺半银鲈论斗量。”因有河道相通，阊门与太湖相隔不远，在苏州就可以买到新鲜肥美的太湖鱼。

太湖水质好，鱼的品质自然也好，其中银鱼、白鱼、白虾号称“太湖三白”，极富盛名。太湖

与大运河相通，每逢涨水季节，江南运河沿线就有机会捕捉到太湖鱼，常州的老先生就说起过小时候在家门前河道里捞到过太湖里的鱼，运气好，就是银鱼或白鱼。

大运河与淮河相连，白鱼可畅游江河湖海之间，江淮间也有白鱼，不知是江里的鱼游到了太湖，还是太湖的鱼游到了淮河。杨万里《初食淮白》："淮白须将淮水煮，江南水煮正相违。"说的是淮河白鱼。运河经淮河往北入黄河，唐朝洛阳也曾养殖过白鱼，但不如江南的名气大。白鱼黄梅时节最多，结群从太湖经漕湖往东入海，势若结阵，这就是"白鱼阵"。吴地从入"霉"（"梅"）日起算，十五日后入"时"，白鱼在此期间数量极大，所以也称"时里白"。

黄鱼也称"黄花鱼""石首鱼"，因为这种鱼颜色金黄，头内有两粒较大的耳石，色白如玉，所以得名。苏州市场卖的石首鱼，来自长江口南岸太仓。太仓近海，海鲜较多，楝树花开时，黄花鱼就上市了。明人汪琬《有客言黄鱼事记之》："三吴五月炎蒸初，楝树著雨花扶疏。此时黄鱼最称美，风味绝胜长桥鲈。"黄鱼鲜美，爱吃的人觉得其味胜过鲈鱼。

江南水乡对黄鱼有着特别的感情，温州、台州、宁波近海处一带，渔民经常驾着船出海打渔，新鲜的黄鱼鲜甜味美，宁波菜里就有"雪菜黄鱼""黄鱼海参""腐皮包黄鱼""苔菜拖黄鱼"等数种做法。如果当时吃不完，也可做成鲞。

运河北端的食味

北京农历三月有黄花鱼上市，主要从天津运来。清代在崇文门设有税局，贵重时鲜进北京售卖都要先呈进、进御，否则会被当作“私货”，不允许出售，即使有人挟带进京，也不敢卖。一般的鱼没有这种规定，比如农历四月间有一种大头的“海鲫鱼”，味道稍逊于黄花鱼，就不用先呈进。天津来的黄花鱼，看着还新鲜的，虽然最大也不过六七寸，价钱却数倍于本地产的。沈云的《盛湖竹枝词黄花鱼》：“石首鱼来三月天，埠头日日到冰鲜。如何蒲绿榴红后，冯铗空弹食客筵。”“蒲绿榴红”指端午，“冯铗空弹”典故出自孟尝君的门客冯谖，他起初不受重视，便弹着他的剑铗唱道：“长铗归来乎！食无鱼！”在这首竹枝词里指此时无黄花鱼。与苏州吃黄鱼的季节不同，天津黄鱼最佳食用期为农历三四月，错过就要等来年。

北京积水潭一带是消夏的好去处，潭内长有荷花，应季也可以吃到鲜藕。元代，漕船从京杭大运河进入北京可以直达积水潭，“舳舻蔽水”用来形容当时船只极多的盛况。元人郭守敬引白浮泉、玉泉山水补充大运河水源，从城内汇到这里。

从积水潭往东到什刹海、后海，后海南岸有一段河渠，也适合夏季休闲、吃喝。烤肉、爆肚、豆汁、河鲜、各色水果、荷叶粥、牛舌饼都有，商贩在沿河风景好处搭茶棚、安茶桌，等待来客。几处茶棚架木板伸向河面，一半固定在地面，一半空悬在河上，板上设“水座”，坐于其上仿若行船。

因为市场有需求，商人便增加食材的品种。祖籍嘉兴的沈德符在北京出生、长大，他在《万历野获编》里写道："京师蛙、蝌[1]、鳗、虾、螺、蚌之属，予幼目未曾见，今腥风满市廛（chán）矣。皆浙东人牟利，堰积不毛之地，潴（zhū）水生育，以至蕃盛耳。"明朝，来自浙东的商人在北京当地养殖虾、蚌等水产，于是市场上就有本地新鲜鱼虾卖。

虾虽然在很多地区是美味，但据说以前甘肃人并不吃虾，因为当地不产虾。南方人携带虾米到甘肃后在自家庭院中或者门前坝子里曝晒，小朋友见到了，吓得赶紧跑，觉得是一种虫子；本地人到南方人家里做客，看见肴中有虾干，也会相互提醒说不能吃。这是一则笑话，不过也揭示出"存疑—认识—接纳"是认识事物的方式之一。见多而后识广，大运河促进了各地美食的交流，人们的生活也因此更加精彩、丰富。

①蟹的异体字。

说到吃食，不能不提糕点，就说说"稻香村"吧。以"稻香村"为名的，苏州有，北京也有。徐凌霄《旧都百话》里谈道：

南人喜甜，肴馔果点，以糖为庖制之要素，甜味太浓。吃惯了南点者，不无单调之感，但旧都的点心铺、饽饽铺，却又喜欢标南糖、南果、南式、南味。明明是老北京的登州馆，也要挂"姑苏"二字。近年在鲁豫等省，设分号，则写京都。又自稻香村式的真正南味，向华北发展以来，当地的点心铺，受其压迫，消失了大半壁的江山。现在除了老北京逢年逢节还忘不了几家老店的大八件、小八件、自来红、自来白外，凡是场面上往来的礼物，谁不奔向稻香村、稻香春、桂香村、真稻香村、老稻香村乎？糖多固是一病，但制法松软，不似北方饽饽似的点心之干硬，此乃南胜于北之大优点。

笼统地说，南方糕点与北方糕点各有特色，无论是名称、外观还是味道，差异都比较明显，南方的细腻、松软，也更甜。历史上，随着南方人北上安居，北地以“南味”为招牌似乎成了一种时尚。江浙的女士们初到北京，有各种不方便、不适应，挂有姑苏稻香村招牌的店铺吸引着她们经常光顾，买点名酒佳茶、糖果糕点，都是家乡味，可以缓解思乡之情。实际上，当时一些糕点铺虽然挂“稻香村”招幌，并且标了“姑苏分出”，但其实和他们合作的，并非苏州的铺子，而是来自扬州。这类铺子，山东也有。当年，苏州稻香村制作的“蜜煎”（即蜜浸果品）最佳，宋时已有此名称，后来改称“蜜饯”。

滋兰斋卖绍兴水晶糕，与稻香村同时期。清人杨静亭《都门杂咏·水晶糕》诗云：“绍兴品味制来高，江米桃仁软若膏。甘淡养脾疗胃弱，进场宜买水晶膏。”

晚清时北京也有酒店卖西湖醋鱼，广东人开的“醉琼林”做得好，他家五溜鱼、西湖鱼都出名，这种醋鱼做法，想必是来自杭州。当时北京饭馆做鱼的“点子”很多，各家妙招频出，比如致美斋有“四做鱼”，即一鱼“四做”，鱼子、头尾用“红烧”，鱼中段用酱炙，其他部位“炒”或者“醋溜”。此外，福兴居“吴鱼片”，广和居“潘鱼”“辣鱼”“芙蓉鲫鱼”，河南厚德福“萝卜鱼”等，口味都挺好。

食味因地“改良”，与“传统”有别，也体现了饮食文化在特定条件下的发展过程。

第二编

品味人生

大运河上的“船宴”

有河就有船。

隋代开凿的“通济渠”，唐代称为“汴河”，主要是引黄河水入淮河，从洛阳到扬州的水路自此畅通。

唐朝汴州（开封）是黄河与淮河两大水系的连接点，处于水、陆运输中心，有“水陆要冲，运路咽喉”之称。“漕运”通过汴河，将物资从江南送往洛阳和西安。

宋朝汴梁（开封）商品经济发达，得地理之利，“八荒争凑，万国咸通。集四海之珍，皆归市易。会寰区之异味，悉在庖厨”[①]。那时，在开封就可以品尝世界各地美食。

名画可以“观”，也可以“游”，北宋张择端《清明上河图》描绘了开封以汴河为中心的繁华景象，人们到河边玩乐，市集物品繁多，河道船运繁忙……可从任何角度开始观看图像，或跟随任意一人体会见闻，展开联想。图中绘船近28艘，据统计有11艘漕运船、8艘客船、3艘货船和1艘渔船，以虹桥周围的船只最多。其中一艘船，船尾设有炉灶，有人在灶前忙碌，炭火光隐隐可见；另一艘画舫设有“二楼”，顶层甲板上众人或畅饮，或垂钓，或欣赏天光水色；一艘蓬船停靠在岸边，

①选自《东京梦华录》。

船侧伸出木板搭在岸边，一人挑着担子正在上船，要给船家送货……这一艘艘船，经过洛阳、郑州、开封、徐州、宿迁、淮安、扬州、镇江，再顺着大运河一路到杭州。

洛水、伊水、汴水、泗水都是大运河重要的水源，白居易《长相思》：“汴水流，泗水流，流到瓜洲古渡头。吴山点点愁。”在大运河江苏段，汴水、泗水与洛水、伊水汇合，一路顺流到扬州，又经过镇江、常州、无锡、苏州、嘉兴，直到杭州，这一段就是“江南运河”。王安石《泊船瓜洲》：“京口瓜洲一水间，钟山只隔数重山。春风又绿江南岸，明月何时照我还。”镇江和扬州一水相隔，从水路过去，距离南京也不远。

明朝苏杭水运发达，船上宴客成为“时尚”之选。明人冯梦祯晚年主要在苏州、杭州生活，喜欢以船代步，游览河山，途中邀请友人在船舱聚会。万历十八年庚寅（1590年）农历十二月十二日夜晚，天气晴朗，月色甚佳，冯梦祯行船到虎丘一带，到曹周翰船上喝酒；过了两天，月色也好，范长倩、徐大来到冯梦祯船中相聚，直到第二天早上吃过了粥才离船。这些事都记录在冯梦祯的《快雪堂日记》里。

常年航行于江河的船，多数设有功能舱，这种舱类似厨房，或在后面跟着一条“酒船”，方便宾主船上用餐。江苏、浙江水路通畅、便利，自虎丘行船半日可到葑（fēng）门。从苏州城门出发，如顺风，很快能到吴江，但是河上行船太多，也有“舟壅”“堵船”的烦恼。

南宋范成大的《吴船录》记录他从四川成都由水路到浙江临安（杭州）的经历。这一段水程从农历五月到十月，他一路游玩，停停走走，历时约半年。成都有座“万里桥”，杜子美（杜甫）

说的“门泊东吴万里船”就在那里。相传三国时，诸葛孔明送费祎出使东吴，也是在那里感叹：“万里之行，始于此。”范成大从万里桥出发，经郫县、犀浦、江原、新津、眉州、嘉州（乐山）、犍为、叙州（戎州）、泸州、合江、秭归、涪州、忠州、万州、夔州、归州、沙头（沙市）、黄州、江州（九江）、池州、建康（南京）、镇江、常州到杭州，过岷江、南广江、内江、嘉陵江、黔江，沿长江一路往东南。从镇江到杭州这条大运河水道，现在也是航运的主要通道，四川、湖南出产之物，可通过运河转运到目的地，清人袁枚之友杨笠湖从四川运木材到杭州，就走的这一条运道。

寒食前后，赏景正当时，西湖内几乎布满了春游的画船，各船头尾相接，就像是“浮桥”。这些船有大有小，大的可以容一百多人，一般的可坐三五十人，几乎都是雕栏画栋，打造得十分精巧，且船行平稳，感觉和在平地上差不多。这些船可以租用，船上吃的、喝的全有，还可以做饭，游客清早登船，傍晚归来，玩上一天，除了花费高，什么都好。

文人常来此聚会赏景，泛舟宴饮。宋人林洪在《山家清供》里提到了炎夏舟行莲荡的情景：与两三友人，放一只小船入藕荷深处，卷荷叶作杯盛酒，系紧不让其中酒漏；另取荷叶包住鱼鲊，挂在船头面阳迎风；舟在水中悠游，炽日与薰风加热酒和鱼，用不了多久，酒香鱼熟，这时再喝酒吃鲊，可谓“佳适”。

苏东坡任杭州太守时，大概也有此种经历，他的《泛舟城南会者五人分韵赋诗得人皆若炎字四首·其三》中有一句“碧筒时作象鼻弯，白酒微带荷心苦”，看来也是用荷叶当酒具。“临水宴”大概就是这样逐渐得名，水边宴集，就地取材，用荷叶作杯，杯中盛满水或酒，如果饮用途中酒漏了，就要受罚开始新一轮游戏。

南京秦淮河，以前晚饭时间有画舫屯集在河道内，岸边酒楼有专人到船上点餐，再传菜到船上。生意好时，众“酒保”声音洪亮，说某船某人需肴若干，酒若干，碟若干，万声齐沸，此起彼伏，像是上演一场大戏。

有些画舫船家擅烹调，舫中“火舱”仅能容纳一人，厨子静静地焐鸭、烧鱼、调羹、炊饭，做好一道上一道，食客吃的就是这口热乎劲儿。如不想点菜，也不愿在船上做饭，还可以买点速食，比如萩乳皮（豆腐皮）和笋干，加虾米、米醋、酱油、芝麻拌食，鲜美可口。

扬州画舫基本是泰州运盐船“退役”后牵入内河，装上枋楣椽柱改造而成，大的叫“大三张”，可放三张大桌子，小的就叫“小三张”。

扬州本地有“沙飞船”，此船由城内姓沙的匠人制造，船上设有炉灶，可以跟在画舫后作为“酒船”，与苏州酒船类似。朱竹垞《虹桥诗》中“行到虹桥转深曲，绿杨如荠酒船来”，说的就是它。

沙飞船上负责饮食的人称为“外庖”，区别于家仆“家庖”，外庖自称“厨子”，称同行为“厨行”。厨子有助手，其中，“厨担”负责担运食材，“司炬”负责调整火候。沙飞船上备好了瓜果蔬菜、牛羊河鲜、锅碗瓢盆、油盐酱醋，游人可以租条沙飞船随画舫后。于是画舫在前，酒船在后，篙橹相应，放乎中流，传餐有声，炊烟渐上，飘摇花间，左之右之，且前且却，谓之“行庖”。

苏州虎丘一带，夏日纳凉常在水边。清人顾禄《清嘉录》中记载，山浜水道上画舫穿梭不息，有钱又有闲的人买“灯舫”到河上消夏，他们各自圈占一处树荫，把瓜李等水果放到河水中“冰镇”，在船上宴饮、吟诗、作乐……兴致高时，船也要“动”起来，将船舱门窗打开，便于河风“穿堂”，让人快速划船到河的远处，又马上掉头回来，如同在陆地上赛马，所以这种游戏叫“水辔（pèi）头”。

太阳西沉，各船又陆续拥入冶芳浜，船头接船尾似鱼群，可谓“行则鱼贯”；诸船停靠岸边似天空中飞行的成排大雁，就是“泊则雁排”。船上灯火明亮如月，多似繁星，与月光、波光交相辉映；众人奏响音乐，杯盘相碰声经久不息，从傍晚要狂欢到天明。

香味的大运河之旅

开门七件事：柴米油盐酱醋茶。这七样原料，都通过大运河运输。

醋在古书中也称为醯（xī），现在市场上卖的有米醋、香醋、果醋、白醋、陈醋等；酱一般指“酱油”，有头道、二道、三道的分别，广而扩之，肉酱、虾酱、辣酱、甜酱、麻酱、青酱、豆瓣酱等也算。醋、酱制作工艺复杂，更是烹饪的的必需品，对于调味来说，可谓“锦上添花”。

黄豆（菽）是酿造“酱油”的主料，也是“五谷”之一。许嘉璐先生在《中国古代的衣食住行》中谈道：

> 我国自进入农业社会后，就以粮食作物为主食，所以自周、秦以来，诗文

中关于粮食的记述很多。粮食作物在古代统称五谷或六谷。至于五谷、六谷所包括的品种，则历来说法不一，比较可信的说法是黍、稷、麦、菽、麻为五谷，六谷即再加上稻。

黍即现代北方的黄米，稷是小米，麦子分为大麦和小麦，麻籽又叫苴（jū）、枲（xǐ），菽原指大豆，又作为豆类的总名，《诗经·小雅·小宛》："中原有菽，庶民采之。""粟"是"黍"的籽粒，《诗经·小雅·黄鸟》："交交黄鸟，无集于谷，无啄我粟。""粱"是"稷"的良种，《诗经·小雅·黄鸟》："交交黄鸟，无集于桑，无啄我粱。""稻"与"粱"是"细粮"，两者常常代表精美的主食。"禾"本来专指"稷"，后来成为粮食作物的通称。

黄豆使用范围相当广，腐乳、腐竹、千张、

豆腐干、南豆腐、北豆腐、豉都出自它，用之做成的“酱油”更是调味“百搭”。“酱油炒饭”只需米饭、油和酱油调配适当就能满足挑剔的胃口，再加鸡蛋、虾仁、青豆、胡萝卜丁、辣椒、青菜末、香葱末等，可以将其升级到“蛋炒饭”“菜饭”“扬州炒饭”“什锦炒饭”。还有不用炒，在热饭里只加猪油和酱油的“猪油拌饭”，润而不腻，是“60后”“70后”“80后”的童年美食。江南“阳春面”里，酱油也是调味佳品，面色黑红透亮，入口鲜香且不咸，配料简单，吃得舒坦。“油香盐咸”里的“油”特指酱油，“巧妇”“大厨”做菜“秘籍”里都有它。

如今超市里酱油品种繁多，“老抽”“生抽”“海鲜酱油”“鲜香红烧酱油”“蒸鱼豉油”等口感丰富。而在大运河饮食史上，传统做酱油的配料、方法简单，仅需把黄豆（或黑豆）煮烂，加入白面，连豆汤一起和匀，揉、按使之结团，捏紧成饼状或窝状，用青蒿盖住；豆面饼发黄后磨成末，加入盐汤中，放入特制大缸中晒，在阳光、月光和空气的共同作用下，差不多半年即可食用，色黑红。

有一种笋油，用南方咸笋干煮后加工而成，颜色也是黑而润，味鲜且厚，喜食的人说味道胜过酱油，据说这种笋油，天台山僧人做得特别好。做完笋油后，笋再晒干可制成笋脯，也是美味。山间僧人还会做“生淡笋干”，只选鲜笋尖，晒干，既不用盐，也不用火，做好后放在口中咀嚼，回味悠长。

笋的鲜味特别，决定了它在食材中的“重要地位”，“提鲜”时要用，主菜也是它。如何选择“笋”，如何加工笋，更有一套“门道”。

苏州市场上出售的天目笋品质好，但也不是全好，商家“聪明”，篓子下面放老笋，所以要选篓中面上那一层“卖相”最佳的，嫩。要买好天目笋做一餐，恐怕要多走几家，加价买每家篓子面上那十几条，有点“集腋成裘”的意思。

清代，杭州卖笋脯铺子中以“家园”出售的品质最好，他家鲜笋只加盐煮熟，上篮烘干后制成。原料简单干净，但特别强调“控火”，要旺火烘，如果火不旺则“溲”，所以昼夜都要有人“看火”，做起来说难不难，说不难也难。

春天的笋，吃不完可以做成“笋鲊”，晒干后可以保存很久，当零食，或者配米饭都不错。把鲜嫩笋切成薄长片，蒸熟；拌入花椒、盐、秘制香料，晒干；装入罐，浇上熟香油，淹没笋，封好，就得到了一罐笋鲊。

冬笋可做成“糟笋”，冬天做，夏天吃。清代，苏州孙春阳家有咸、甜两种冬笋烘片出售，甜口的加了蜜，但还是咸口的好卖。

用糯米做成“甜糟”，加上麻油、盐、花椒，拌匀、封存一段时间，就是“糟油”，味道甘美。“糟”可以用来“暴腌”鱼，也可做“糟蟹”“糟鹅蛋”。

说到“鲊”，可指用盐腌制的鱼类食品；或指将蔬菜切碎，与米粉、作料等拌匀和加工而成的菜肴，这就更多了。农历三月桃花开，这时吃的鲊，就叫“桃花鲊”。大鱼切成薄片，腌后沥干，加姜丝、橘丝、莳萝、葱末、花椒末拌匀，入瓷罐按实，盖紧，就是“鱼鲊”。等鱼片吸满卤味后就可以吃了。

薄片是“鲊”，小块也叫“鲊”。“蛏鲊”，就是用蛏做的鲊。早在南宋，杭州市场上就有雪团鲊、鲟鱼鲊、春子鲊、黄雀鲊、荷包鲊、玉版鲊、桃花鲊、三和鲊、大鱼鲊、旋鲊、咸鲊、鹅鲊、切鲊、饭鲊，等等，品种丰富。

肉松也是调味佳品。江南传统肉松用猪肉制作，苏制肉松选用猪肩肉，切长方块，加酱油、酒，红烧至烂，加白糖收卤，去肥肉，加少量水，小火熬至极烂，使卤汁全入肉内，再搅融成丝，边搅边熬，熬到干透，再用文火，用锅铲揉炒、焙至干脆就可以了。福建肉松，色红且粒粗，炒时加油，吃时无渣滓感，与苏州做法不同。肉松可做零食，也可拌饭、拌面，和海苔末是“好搭档”。

火腿，古代也叫“火脯”，是主菜，也有“提鲜”作用。产自浙江金华的火腿品质最佳，上品为“茶腿”，时间长的为“陈腿”；清代，当地一家蒋姓商人制作的更佳，得了“南腿”美名。江苏如皋出的火腿称为“北腿”，清蒸、切片、蜜炙都好，作调味辅助品亦可。金华火腿、如皋火腿、宣威火腿齐名，各有特点，都不必去当地，在交通运输便利的大运河沿线城市就可以买到。

说到调味，自然少不了“香料”。现存各种卤味“秘方”里，姜、葱、八角、桂皮、甘草、草果、丁香、沙姜、陈皮、莳萝、辣椒、花椒、胡椒、罗汉果、红谷米、大茴香、小茴香、冰糖、生油、生抽、绍兴花雕酒等都是重要成分，在用量与组合上进行调整，能够调制出不同风味。元人忽思慧在《饮膳正要》中记载了大量食谱，他擅长用胡椒、丁香、苏叶、橘皮、陈皮、哈昔泥、糟姜、葱、芫荽、韭菜、蘑菇、盐、醋、酒、砂糖等配料调和菜品口感。

大运河通航2500多年来，沟通了陆地丝绸之路与海上丝绸之路，大蒜、胡椒、芝麻、黄瓜从西域，莳萝从北欧，辣椒从美洲，胡麻从大宛，芫荽从地中海来到中国；豆蔻、藿香等香料，也从泉州、广州运到杭州。苏州夏天做酱的调料，“椒辛来自北，蒟（jǔ）美遂通南”，其中辣椒来自北方，蒟酱来自南方。这些香料，在大运河水网里，从一端运到另一端。

香味在大运河上旅行。

《山家清供》里的宴集

宋代“美食家”林洪写了本《山家清供》记录饮食心得，其中多次提到他到各处赴宴、集会吃到的“好菜”。林洪是泉州晋江人，在南宋高宗绍兴年间中过进士，他虽仕途不得意，但足迹遍布大江南北，到过运河沿线好些城市。林洪不但擅诗文，工书画，而且对饮食颇有心得。

林洪的一位友人叫张镃，号约斋，古人习惯先提号再及名，所以叫张约斋镃。张镃是宋代名臣张俊的曾孙，在临安南湖住，常去西湖游玩，喜欢宴请性情洒脱的朋友，也就是林洪口中所谓“山林湖海”之辈，与杨万里、辛弃疾、姜夔都有交集。杭州某次宴请，林洪在场，吃得正开心，张镃让人去准备“银丝供”，又特地嘱咐要“调和教好，又要有真味”！在座食客一听，都以为是一种“脍”，盼着尝这一口鲜甜，结果“上的菜”是让琴师弹奏一曲《离骚》，取陶渊明“琴书中有真味”之意。此“琴弦”就如彼“银丝”。

何铸是余杭人，他家乃吴中贵族，讲究“清味”，宴客时要布置青锦屏风、乌木瓶簪、古梅枝缀。他家有一道菜叫“假煎肉”，将“瓠”与“麸”薄切，麸用清油浸煎，瓠用猪油煎，各自煎好后加葱、椒、油、酒共炒。瓠与麸做出来，不仅口感似肉，味道也是一样的，林洪吃得很开心。

有一年春天，林洪踏青到了杭州钱塘门外以产花闻名的西马塍，当地友人张将使元耕轩留他在家吃饭，上了道“菊煎”。这道菜要把菊苗在沸水里瀹(yuè)过，再裹上用甘草水调和的山药粉，让叶子挂着糊糊在油里煎脆。林洪觉得这菊煎味道清爽可口。京航大运河南端，杭州出产紫背单瓣的贡品“茶菊”，林洪当时吃到的菊苗，或许是它在春天的嫩叶吧。

有一道菜叫“满山香”，那年春天林洪渡湖、登岸、上山，在陈埙那里吃到过，算是“春盘”的一种。这道菜“方子”是郑渭滨有次来陈家吃饭时给的：莳萝、茴香、姜、青椒切成细末作为调料放在葫芦里备用；锅中煮菜，沸腾后，倒调料入其中，再加熟油、酱快速翻炒。如此，香味就飘满山了。陈埙是宁波人，年少成名，四岁时能与楼钥对谈，嘉定十年（1217 年）进士及第，在嘉兴、衢州都当过官，这一场“春盘宴”并未说明具体时间和地点，山与水的组合放到哪里都可以，不过给“方子”的郑渭滨喜与友人结伴游玩西湖，林洪与陈埙这一场聚会，多半还是在杭州。

林洪在李春坊家吃到了“莲房鱼包”，印象深刻。此菜是将新鲜莲蓬截去底部，再将其中嫩穰剜出，表皮孔洞保持原状；以酒、酱、香料调制鳜鱼块，装入莲蓬内，底朝下放入甑中蒸熟。吃前涂上蜜，装入盛有“渔父三鲜”的汤盘中，色香味俱全。当时林洪吃后作诗一首：“锦瓣金蓑织几重，问鱼何事得相容。涌身既入莲房去，好度华池独化龙。”李先生听后大喜，送了他一方端砚和五笏龙墨。鳜鱼也叫桂花鱼，秋季桂花飘香时肉质肥美，是西湖宋嫂鱼羹里的主角，江浙一带喜食。这位李春坊先生不知何许人也，但从鳜鱼、菊花、莲藕、端砚、龙墨几条线索推论，许是居住在都城临安的一位达官。这道“莲房鱼包”现在根据林洪的描述做出来了，算是“仿古菜”。

在章鉴家，林洪吃到了“玉井饭”，甚香美。这道“饭”，要将嫩白藕削成小块，新鲜莲子去皮去莲心，然后投入沸腾的米饭中铺开，加盖密封。待米饭熟透了，藕和莲子也熟了。这种“焖”“焗”法，就是“盦饭法”。因为饭中有莲有藕，取“太华峰头玉井莲，开花十丈藕如船”之意，就叫“玉井饭”。章鉴官至南宋宰相，这道杭州斗星藕做的“玉井莲”有些为官清正的意思。

向云杭公究的先祖“文简公”向敏中以“耐”字传家，以节义自守。有一年夏天，林洪到他家吃到了“大耐糕”。初听此名，觉得主料是面粉，等端到面前，竟出乎意料，此“糕”没有面，而是用去皮去核的新鲜大李子，放进白梅、甘草汤中焯一会儿，捞出备用；把松子、榄仁、去皮核桃肉、去皮瓜子仁铲碎，用蜜调和后塞入李子内，填满；放入小甑中蒸熟。这种“耐糕”一定要蒸熟，若不熟则不易消化，于脾胃无益。仔细想想，也就是要有耐心的意思吧，为官之道大概与饮食之道类似。向敏中乃北宋名臣，官至左卜射、昭文馆大学士，谥“文简”，曾孙女就是北宋神宗的钦圣宪肃皇后。南宋皇室南渡，从开封迁都临安，向家后代也随之在杭州定居。从开封到杭州的大运河水路有两段，一段是隋唐大运河，从开封到扬州；一段是江南运河，流经江苏与浙江，从扬州经过常州、无锡、苏州到杭州。

刘宰是江苏金坛人，金坛气候适宜，物产丰富。有一次，林洪在刘宰家吃午饭，觉得他家的小食栀子花做得清芳可爱，叫“檐蔔煎”。“檐蔔”也叫“栀子花”，宋代士人颇爱此花，苏东坡《常州太平寺法华院薝蔔亭醉题》“六花薝蔔林间佛，九节菖蒲石上仙”句中，“六花”“林间佛”说的都是它。这种花有六个花瓣，在林子里香味最浓郁，传说其香能够引人入禅思。“薝蔔”本是西域一种极香的花，花名为音译，所以历代文献中写成“檐蔔”“薝蔔”“詹波”“占匐”的都有，最初大概是从丝绸之路传入中国，沿着大运河又移栽到各处，其中之一到了金坛，又上了刘宰的饭桌。

某天，林洪在浙江吃到了“凫茨粉”，这道粉食口感滑且甘，十分清爽。“凫茨”就是“荸荠”，又称乌芋、地栗、地梨、田荠、田藕、马蹄。刘一正的《非有类稿》中有诗云：“南山有蹲鸱，春田多凫茨。何必泌之水，可以疗我饥。”说的就是荸荠。荸荠吃法多，生熟皆宜，甜脆、清新、鲜嫩，淮扬菜狮子头、广东蒸饺里都有它。

宋代大运河是南北主要的交通干线，人们出行也因此得利，不仅能缩短在途时间，也提高了安全性。林洪从福建到杭州，在江南住上一段时间，随心情又可往西，往北，往南，交通方便。在灵鹫山僧人苹洲德修处，林洪吃到了“荼蘼粥”，用到“好春虚度三之一，满架荼蘼取次开”里提到的“荼蘼花”。荼蘼又叫酴醿、荼蘼、佛见笑，春末夏初开花，多为白色、重瓣，香洁清芬。因为有“春困”，所以也有“吟成豆蔻诗犹艳，睡足荼蘼梦亦香”的情趣。宋代杭州西湖边也是有酴醾的，《梦粱录》记录了两种，一种白色，一种黄色，都很香。酴醾古时在四川常见，也是在那里得名，因为白色的花与当地酴醾酒的色泽相近。花香与酒香大概有某种共通点，要不怎么用“微醺”来形容春夜的花香呢。大运河连接了长江、黄河与钱塘江，这一条水道也接通了巴蜀和江浙。林洪说的灵鹫山在衢州，衢州位于钱塘江上游，到江西十分便捷。

又一年春天，林洪在江西林山房书院吃到了“蒿蒌菜”。这道菜羹主要是将“蒌”的嫩茎去掉叶子后放到水里灼或焯，加油、盐、苦酒浸泡后食用；或者加点肉燥，口感香脆。黄庭坚所叹“蒌蒿数箸玉簪横”，就是它了。蒿蒌又叫芦蒿，江苏、江西、河南、陕西、湖南、湖北、云南、广东等地都有。

在江西林谷梅少鲁家，林洪吃到了“笋蕨馄饨”。将嫩笋、鲜蕨分别在开水中焯过，再加酱、香料、油和匀，当作馄饨馅备用。林洪那一次在他家吃过馄饨后，坐在院中古香亭下，对着玉茗花，摘些鲜芎、菊苗泡茶，十分适意。玉茗花高有五尺多，和茶花相似，林洪只在少鲁家见过。江西玉茗花名气很大，南宋淳熙年间（1174—1189年），临川太守赵熠寄给范成大一枝玉茗花，范成大收到花后回赠一首《玉茗花》：“折得瑶华付与谁？人间铅粉弄妆迟。直须远寄骖鸾客，鬓角飘飘可一枝。”明人汤显祖最爱玉茗花，他的书斋名“玉茗堂”，此即戏曲史上“玉茗堂派”（也称“临川派”）得名的原因。

在水心先生叶适家，林洪吃到了一种“饐（yì）”。这是净居僧人送来的，用橘叶包着，清香适口。听说是将莲与橘叶捣汁，加蜜和米粉制成铜钱大小，每一个单独再用橘叶包裹蒸熟制成的。市场上有类似食物售卖，但味道比这个差太多了。叶适出生在温州，年少时家贫，赴临安就学于太学，三年后中榜眼，官至尚书左选郎、国子司业、兵部侍郎，晚年又回到温州，讲学于水心村。水心先生是永嘉学派的集大成者，著有《水心文集》。先生一生，并未安于一隅，青壮年时行走庙堂、建功立业，晚年叶落归根、回馈故乡。叶适在《无相寺道中》写道："傍水人家柳十余，靠山亭子菊千株。竹鸡露啄堪幽伴，芦菔风干待岁除。与仆抱樵趋绝涧，随僧寻磬礼精庐。不知身外谁为主，更觉求名计转疏。"这样简简单单的乡间生活，在历经繁华、轰轰烈烈后回归朴质，别有一番滋味。"芦菔"就是"萝卜"，也叫"莱菔""芦葩"，据说最初来自地中海沿岸。

南方北方都吃萝卜，林洪在福建漳州骊塘书院吃过一种菜汤，清清白白的可爱极了，饭后喝一碗，就算是醍醐、甘露也比不了这个味儿。问了厨师，说只用到青菜和萝卜，切细，用井水煮烂就可以了。苏东坡的诗《狄韶州煮蔓菁芦菔羹》也提到过用蔓青、芦菔做汤：

> 我昔在田间，寒庖有珍烹。常支折脚鼎，自煮花蔓菁。中年失此味，想像如隔生。谁知南岳老，解作东坡羹。中有萝菔根，尚含晓露清。勿语贵公子，从渠嗜膻腥。

吃味与人生，大概都是这种清透如晨间露珠般的感觉吧。

吃之一事，亦俗亦雅，林洪在福建、江西、浙江、江苏等地都吃到过难忘的特色美食，杭州所记最多。家常食材并不贵重，但心思巧妙、食趣隽永、回味悠长，亦如诗画沁人心脾。与品性高洁的友人相聚，与睿智的长者同席，就会觉得十分快乐吧。大运河水路四通八达，汇聚到杭州，又延伸至他方，连接此地与故土，都市与乡村。少年纵横四方，广交善友，用智慧、勇气和雄心描绘大好河山，还有诗和远方。诸般心情，如食味苦甘，如文章悠扬，愈品愈妙。

《随园食单》教你夸美食

《随园食单》有古代“食经”之称，作者袁枚。他是被海内外饮食文化界和餐饮界普遍认同的中国古代“食圣”，是中国历史上最伟大的饮食理论家和最著名的美食家。

袁枚祖籍浙江慈溪，康熙五十年（1716 年）出生在浙江钱塘（今杭州），乾隆四年（1739 年）中进士，选翰林院庶吉士，此后至江苏溧水、江浦、沭阳、江宁四地做过知县，其后又到陕西任知县，乾隆十四年（1749 年）辞官归隐，常居南京小仓山的随园，自号“随园老人”，世称“随园先生”，嘉庆二年（1798 年）去世。在清朝，袁枚名声极大，“乾嘉三大家”“清代骈文八大家”“性灵派三大家”里都有他，“南袁北纪”指的就是他与纪昀。

比起“文名”“诗名”，袁枚的“食名”毫

不逊色。那时，江南富裕，歌舞升平，“好味”的袁枚几乎日日受邀。对着这样的客人，主人的心情可谓复杂，吃得满意了，宾主尽欢！如果不满意，并传了出去，可是不得了的事！主家的“好名声”大概率会一落千丈。

袁枚交友广阔，“饭友”有盐商，也有管理运河河道、水利、漕粮、盐运的官员，赴宴的足迹更是遍及南京、上海、苏州、杭州、常州、常熟、扬州、淮安、正定、山东、北京、咸阳、肇庆、广州等地。大运河上船来船往，有多少是送客去吃饭的呢！

在这许许多多次的食宴中，确实有不少令人吃时惊艳，过后难忘的菜品，让袁枚意犹未尽。他会把其中一些放在回忆中细细品咂一番，并将其记录在《随园食单》里。闲来随手翻阅，趣味无穷。不得不说，如何夸“好吃”，袁枚确有一番“门道”。

到粤东杨兰坡明府家吃鳝羹，“美”！他家以南瓜肉拌蟹，“颇奇”！冬瓜燕窝做得也好，味道“甚佳”，“以柔配柔，以清入清”！还有一道卤鸭，要称为“高要令杨公家法也”！

蒋侍郎家用豆腐皮、鸡腿、蘑菇煨海参，“亦佳”；侍郎亲自下厨做的一道豆腐必须美称为“蒋侍郎豆腐”，因为没有哪一家的有这么好吃。

到扬州谢蕴山太守家吃猪里脊，“食而甘之”！当时江南吃猪肉的人家不多，猪里脊虽然细嫩，但鲜少有人能够识味。谢家把里脊肉切片，用芡粉团成小把，放到虾汤中，加香篁、紫菜清煨，一熟便捞起，既鲜且嫩。

郭耕礼家的鱼翅炒菜“妙绝”！

吴道士家炖鱼翅不去鳞，“亦有风味”！

杨中丞家的鲍鱼鸡汤豆腐号称鳆鱼豆腐，用

陈糟油浇汁，好吃。

庄太守家用大块鲍鱼煨整鸭，“别有风趣”！

龚云若司马家做乌鱼蛋“制之最精”！

到尹文端公的苏州公馆吃蜜火腿，“其香隔户便至，甘鲜异常。此后不能再遇此尤物矣”！他家的风肉“至精”！

炒鳇片还是数苏州唐静涵家的“甚佳”！唐家真有几个拿得出手的菜，他家烹制鸡尤其妙，是“唐静涵家法也”，可以称“唐鸡”！

到吴小谷广文家吃了熏煨肉，便赞这一道菜“制之精极”！

到朝天宫道士那里吃到黄芽菜煨火腿，上口甘鲜，肉菜俱化，汤亦“美极”！

去钱玙沙方伯家吃锅烧羊肉，“极佳”！

扬州臧八太爷家的鸡圆“制之最精”！他家鸡肉丸子做得非常精妙，团成如酒杯大小的丸子下锅，鲜嫩如虾团。

真定魏太守家蒸鸭是“魏太守家法也”！

杭州商人何星举家蒸鸭不加水，端上桌“精肉皆烂如泥”！

苏州包道台家擅制野鸭，其“制法最精”！

太兴孔亲家有一道野鸭团可谓“甚精”！将野鸭胸脯肉细细斩碎后加点猪油拌匀，再微微勾点芡，调揉成团，放到鸡汤或者鸭汤里煮熟。

沈观察家做菜水平高，煨黄雀口感“并骨如泥”！炒鱼片“亦精”！苏州大概没有能超过他家的，其“厨馔之精，合吴门推为第一”！

常熟顾比部家汤鳗“亦妙”！

家致华分司家蒸鳗“最佳”！

山东杨参将家全壳甲鱼既好吃又特别，“惜未传其法”！宴客时，在每一位客人前面用小盘放“一只甲鱼”，因太逼真了，见者悚然，害怕盘中食物会突然动起来。

吴竹屿家的汤煨甲鱼“制之最佳”！

何春巢家的蛏汤豆腐，“妙！竟成绝品”！

扬州程立万家的煎豆腐“精绝无双”，可称为“程立万豆腐”！

陶方伯家的葛仙米“制之最精”！十景点心“奇形诡状，五色纷披。食之皆甘，令人应接不暇”！萨制军说：“吃孔方伯薄饼，而天下之薄饼可废；吃陶方伯十景点心，而天下之点心可废。”

山东孔藩台家制薄饼，“薄若蝉翼，大若茶盘，柔腻绝伦”！这就是萨制军说的最好吃的“孔方伯”家。

刘方伯家用山东飞面制作月饼，“食之不觉甚甜，而香松柔腻，迥异寻常”！

杨中丞家的西洋饼用鸡蛋清和飞面制成，“白如雪，明如绵纸”！做这种饼要专门打一把铜夹剪来烤制。

芜湖敬修和尚做的豆腐皮“极佳”！

章淮树观察家烹制面筋有两种方法，其一“制之最精”！其二“甚佳”！

烹饪茄子，吴小谷广文家“甚佳”！卢八太爷家“亦佳”！

杭州施鲁箴家酱的瓜“制之最佳”！

在高文端公家吃到的高邮腌蛋不错，“颜色红而油多”！

到广东时，官镇台家端上一盘“颠不棱”，“甚佳”！杨参戎家的千层馒头“其白如雪，揭之如有千层”！金陵人不会这样做馒头，应该是扬州的做法占一半，常州、无锡的方法共占一半吧。

扬州洪姓商人家包的粽子，“食之滑腻温柔，肉与米化”！可以叫“洪府粽子”！

“运司糕”是在卢雅雨运司那里吃到的。卢

运司在扬州任职时年事已高，当地糕点店特地为他做了一种糕，“色白如雪，点胭脂，红如桃花。微糖作馅，淡而弥旨”，名“运司糕”。但此糕只有运司衙门前那家店做得好，其他店的差点意思，色味不佳。

泾阳张荷塘明府家制的天然饼“松美异常”！

有喜欢，就有不喜欢，袁枚赴宴次数多了，有一些也讨不到他的欢心。有一次，他去一户商家吃饭，没提名字，当时菜品丰盛，大概有四十多道主菜，十六道点心，多是挺多的，“主人自觉欣欣得意，而我散席还家，仍煮粥充饥”！

袁枚不喜火锅，他说：“冬日宴客，惯用火锅，对客喧腾，已属可厌；且各菜之味，有一定火候，宜文宜武，宜撤宜添，瞬息难差。”饮食一事，各人喜好有别，袁枚的食谱“清淡”占了上风，认为“鲜”顶顶重要；然而，对于喜欢“重口味”

的，火锅却实实在在是“心巴上”的美味啊。

袁枚爱吃且懂吃，夸赞起美食来简直得心应手、花样百出，或干脆利落直接下评语，或抒情，或描写，或称为“家法”表达尊重。

袁枚说：“平生品味似评诗，别有酸咸世不知。”食味即是“为学”，品鉴需“妙心”，世情变幻，那些理想与现实、感悟与感叹，都融在这杯盘中了。“好（hào）吃！好（hǎo）吃！”

荡漾在食味里的乡愁

莼菜，也叫茆、凫葵、水葵、锦带、莕菜、马蹄菜、马蹄草、湖菜，杭州、苏州出产的品质好，尤以太湖洞庭山下的最为肥美、甘滑、香脆，口感似鱼髓、蟹脂，吃过令人毕生难忘。

“千里莼羹”，“士衡所称美，季鹰所系思”，“士衡”指陆机，“季鹰”是张翰。西晋，张翰在洛阳做官，某一年秋风起时，想起了家乡吴中的菰菜、莼羹、鲈鱼脍，思乡之情极浓，于是写了《思吴江歌》：“秋风起兮佳景时，吴江水兮鲈鱼肥。三千里兮安未归，恨难得兮仰天悲。”此后不久张翰便辞官归故里。这是“莼鲈之思”，也是“秋风故里之思”。这道“脍”因张翰得名，江南人常做，也叫“郎官脍”。松江里鲈鱼有四腮，据说味最美，太湖也有鲈鱼，或许因为只有三腮，所以滋味不如松江所产。

也是西晋，陆机到洛阳任职，有一次见到王济，王济指着摆放在面前的北方人爱吃的羊酪，问："你们江东有什么菜有这么好吃吗？"陆机答："有千里莼羹，（但）未下盐豉耳。"陆机说，用千里湖中莼菜做的羹，未加盐豉时已经比得上这个了；话外之音是：加了盐豉的莼羹，比羊酪好吃太多了！

宋人林洪的家乡在福建泉州，他在当地吃过一种"梅花汤饼"，是紫帽山的高人所做。这种汤饼，将用白梅和檀香末浸泡后带着幽香的水和面，擀成馄饨皮，切割成梅花形状，以便煮熟后散在鸡汤里像一朵朵盛放的梅花。有句诗"恍如孤山下，飞玉浮西湖"，说的就是泉州人对家乡梅花汤饼的想念。孤山，指泉州紫帽山；西湖，指的是杭州。泉州与杭州离得远，但如能在异乡吃到想念的美食，便仿佛回到了家乡。

清人李斗在《扬州画舫录》中记载，乾隆年间，扬州河下街有徽州人卖“松毛包子”[1]，名“徽包店”，生意好。清代苏州、杭州、扬州等地徽商众多，经营着盐、鱼、茶、木、米、谷、棉布、丝绸、纸、墨、瓷器等行业。扬州从事盐业经营规模较大的徽商有黄、汪、吴、江、程、徐、郑、曹、宋、鲍、叶等家族，汪应庚、汪廷璋、江春、鲍志道等都是煊赫一时的两淮总商。这一份扬州早晨的松毛包子，应该也带着家乡味道，温暖了远行的徽州人。

饮食口味趋向多样化，但总有特别的感情留给故乡小食。台儿庄运河边售卖“石头大饼”，把石头涂上酥油，烤烫，用来摊饼。用石头炙烤出的大饼金黄、香酥，洒上芝麻越嚼越香。

①把松针铺在蒸笼底作垫，蒸时松的味道渗入包子内部，吃时包子便带着松针的清香，所以叫“松毛包子”。

饼摊常摆在河边，卖给纤夫、船员，实惠又方便，走到哪里都能带上“这一口”。山东煎饼名头响亮，薄如纸，水分少，香脆可口，保质期长，易于携带，原料五谷杂粮都用，用玉米面的最多，朋友间送礼相当合适。出门在外，直接吃、夹葱蘸酱、包土豆丝都好，都是浓浓的家乡味。

河南焦馍是在鏊子上烙熟的薄饼，干脆化渣，加上“鸡内金”、芝麻和盐就是“鸡内金焦馍”，健脾、消积食，还管饱，是当地的传统小吃。

河南胡辣汤，让人吃了以后滋味忘不了，白胡椒、花椒、八角、砂仁、丁香等作料混合着，味道冲开后，整间屋子都是香的。洛阳水席、牛肉汤、丸子汤都带着胡辣味儿，吃惯了的，到哪里都会想念这种味道吧。大约这也是一种思念，抚慰远行的游子。

安徽宿州边的龙王庙行宫附近有店铺卖牛肉

锅贴和糁（sá）汤，早餐时间要排队，生意极好。“糁汤”用鸡、羊等骨头熬出的浓厚滚汤冲大碗内打散的生鸡蛋，加葱末、香菜末成蛋花汤。虽然模样稍显粗糙，但是趁热喝下味道真好，据说还“大补元气”。皂河镇糁汤的名气大，所以多叫“皂河糁汤”。

糁汤在山东临沂、枣庄、济宁都有卖，不过各地味道有差别，临沂的加了鸡肉、羊肉、牛肉、黑胡椒、五香粉、香油等，已入选第三批省级非物质文化遗产名录。

糁汤的得名和乾隆有关。据传，乾隆下江南，路过郯城，在马头镇吃早餐，觉得其中一碗汤特别可口，便问了句：“这是啥？”地方官员传来传去，“啥”就成了“糁”，算是皇上“金口”赐了名。还有民间传言，说糁汤和王羲之有关系，又是另一个故事了。

糁汤沿着京航大运河这条线四处扎根，更远了说，或许也受到西域饮食习惯影响，因为胡椒味与胡辣汤相似。隋唐洛阳、长安，北宋开封、杭州，元明清北京、山东、安徽……这是商旅行走的路线，也是大运河流经的区域。故乡滋味伴着游子走天涯，美食也在各处生根开了花。

大运河历史上，还有许多沿线各地特产随着航船到了远处、更远处，杭州“软锅饼”面衣、南京“白云片”白米锅巴、苏州玉带糕、扬州小馄饨、太仓糟油、天津大麻花、北京糖油饼、河南道口烧鸡、德州扒鸡、安徽符离集烧鸡、镇江香醋、致美斋“团圆饼”、光福诸山“乳饼”、姚妨门的枣、湖池的藕、灵谷寺的樱桃、玄武湖鲫鱼、板桥萝卜、善桥葱……美名传扬四方，美食也到达四方，无论身在何处，吃一口熟悉的味道，故土便不再遥远，心安处就是家。

“怪味”与“美味”

嗜好“怪味”大多从童年开始，这种偏好往往伴随一生，已经不能用“好吃”“不好吃”去评判了。清人沈复的《浮生六记》记录了他和妻子陈芸关于芥卤乳腐的对话。

其（陈芸）每日饭必用茶泡；喜用茶泡食芥卤乳腐，吴俗呼为“臭乳腐”；又喜食虾卤瓜。此二物余生平所最恶者，因戏之曰：“狗无胃而食粪，以其不知臭秽；蜣螂团粪而化蝉，以其欲修高举也。卿其狗耶？蝉耶？”芸曰：“腐取其价廉而可粥可饭，幼时食惯；今至君家已如蜣螂化蝉，犹喜食之者，不忘本也。至卤瓜之味，到此初尝耳。”余曰：“然则我家系狗窦耶？”芸窘而强解曰：“夫粪，人家皆有之，要在食与不食之别耳。然君喜食蒜，妾亦强啖之。腐不敢强，瓜可扼鼻略尝，入咽当知其美，此犹无盐貌丑而德美也。”余笑曰：“卿陷我作狗耶？”芸曰：“妾作狗久矣，屈君试尝之。”以箸强塞余口。余掩鼻咀嚼之，似觉脆美，开鼻再嚼，竟成异味，从此亦喜食。芸以麻油加白糖少许拌卤腐，亦鲜美；以卤瓜捣烂拌卤腐，名之曰双鲜酱，有异味。余曰：“始恶而终好之，理之不可解也。”芸曰：“情之所钟，虽丑不嫌。”

吴地居民喜食“臭乳腐”“虾卤瓜”“茶泡饭”。沈复虽生活在苏州，或因家境富裕及饮食习惯，家中鲜少有“臭味”食物上桌；陈芸出身一般，这些就是她幼年常食之物。乳腐，虽有异味或令初尝者不适，但有开胃功效，就着茶泡饭可作一餐，也是重要的童年记忆，如果幼时生活愉快，这种特别的味道在往后的一生中都会带来熟悉、安宁、温馨。经加工对人体有益的臭味食物，既征服味蕾，也提供了“情绪价值”，就是“情之所钟，虽丑不嫌”。陈芸去世后，每当沈复吃臭乳腐、虾卤瓜，都会想起与亡妻那些恩爱幸福的岁月吧！

腐乳是豆制品，由“五谷”之一的“菽”加工而成，让豆腐“长霉”，从现代营养学角度来看，就是让豆类蛋白质充分发酵产生含硫化物的强烈“臭”味，终形成人体易吸引的氨基酸，虽然闻起来让人难以接收，但是对身体有益。这种“臭”味的家族越来越大，臭豆豉、臭豆腐、臭鳜鱼、臭毛豆、臭皮蛋、臭花生、臭冬瓜……苋菜、芥菜、笋、千张都可以“臭”。闻起来臭，吃起来香的感觉让人又恨又爱，如同夜市炸臭豆腐摊子强势的气味“香”飘数里，让人心情复杂。有人说，臭豆腐厚切可以媲美蓝纹奶酪。

汪曾祺《食事》里说起了家乡高邮的“臭”食：

除豆腐干外，面筋、百叶（千张）皆可臭。蔬菜里的莴苣、冬瓜、豇豆皆可臭。冬笋的老根咬不动，切下来随手就扔到臭坛子里。——我们那里很多人家都有个臭坛子，一坛子“臭卤”，腌芥菜挤下的汁放几天即成“臭卤”。臭物中最特殊的是臭苋菜秆，苋菜长老了，主茎可粗如拇指，高三四尺，截成二寸许小段，入臭坛。臭熟后，外皮是硬的，里面的芯成果冻状。噙住一头，一吸，芯肉即入口中。这是佐粥的无上妙品。
我们那里叫做“苋菜秸子”，湖南人谓
之“苋菜咕”，因为吸起来“咕”的一声。

如此“美食”，胆小的恐怕短时间难以接受。

“芥辣”一直以来颇得食客欢心，北宋开封运河边“州桥夜市”就有“广芥瓜儿”“芥辣瓜儿”“芥辣虾”“芥辣蹄”“芥饼”“芥辣索粉”等“芥”味小食售卖。夏天用芥末，冬天用胡椒调味，可以让味道更“带劲”，芥辣肚、芥辣鸡、芥辣青菜等，都是家常菜品。杭州的芥辣鸡，把鸡肉撕成丝，加酱油、芥末、醋拌食，另加笋、芹菜更提味。芥辣青菜，将嫩青菜切成段或末，加笋炒熟，再拌上芥末和醋，说是可以醒胃。北京的餐桌上，芥末鸭掌、芥末墩都是极爽口、鲜辣的美食，常常让食客抹着眼泪，却停不下手中的筷子，不须多时便吃完一盘。芥末，也是吃生鱼片、寿司时必不可少的配料，口感劲爆。中国菜用“芥”是传统，《礼记》：“脍，春用葱，秋用芥。”生鱼片蘸芥的吃法古已有之。

芥末、辣椒、胡椒、姜、蒜都“辣”，但“路数”不同，姜辣口，蒜辣心，椒辣嘴。

芥末由芥菜的种子制成，芥菜全身都是美味，掐下清明节前长出的嫩菜心，晒干；装入坛中盐渍，腌几天后取出，再晒干；加绍兴酒、糖、酱酒拌匀，蒸至菜呈红黑色，再晒干；如此反复多次，再封坛保存。腌制的芥菜晒干后切碎，蒸熟食用，叫“芝麻菜”，鲜香微辣。

雪里蕻也由芥菜做成，雪菜肉丝面里的“雪菜”就是雪里蕻。《集韵》载：“四明[1]有菜，名雪里

①指宁波。

蕻。雪深诸菜冻死，此菜独青。”南方“雪里蕻”类比于北方“春不老”。

有一种“儿菜”，是芥菜根的侧芽，个头小，数量众多，像是芥根“母亲”的孩子。新鲜儿菜味清甜，微带点辣，切片炒吃，或者用白水煮熟吃都不错。四川和贵州喜欢做辣椒“蘸水”给菜加味，根据口味增减酱油、醋、葱、花椒、大蒜、苦蒜、香菜、折耳根等作料，用辣椒蘸水配儿菜，爽快得至少可以吃一大碗白米饭。

沈复爱吃蒜，蒜有强烈味道，旧日江南集市少见，陈芸在娘家时也不吃。袁枚《随园食单》中“葱、椒、姜、桂”常用，而“蒜”不轻易用。不喜蒜味者，甚至觉得吃过蒜的人“汗浆迸出葱蒜汁，其气臭如牛马粪”。然而，大蒜可算北方饭桌上的必备品，就着几颗生蒜下酒、吃面、吃肉亦是一大快事，如此推之，沈复家族可能是北方士族南迁，因而保留着北地饮食风格。

在交通不发达时期，各地饮食较传统、保守，大运河水路贯通后，南北通行更加容易、便利，人们见得广了，吃得多了，对于饮食的态度也显得更加包容、开放，思想活络，创意频出，饮食风味也趋向于彼此理解与欣赏，就如江浙一带对大蒜的态度，也随着蒜香排骨、黄焖菜品、川味烤鱼、拌面的流行而让食客接受并喜爱。因为有效沟通，人们保留着“习惯”与“记忆”，也接纳更多的“喜欢”。

第三编

饮食四时

美食与习俗

中国有“二十四节气”，和春节、端午、中秋、重阳等农历节日一样作为一年中重要的日子，指导农耕社会人们的日常作息。在这些生活习惯的影响下，人们的饮食喜好逐渐发展成了“吃”的习俗。

这些与节气、节日相伴而生的饮食习俗，是中华民族传统文化的生动体现，它们不仅满足了人们的口腹之欲，更成为连接过去与现在、传承民族精神的重要纽带，让我们在品尝美食的同时，也能感受到那份浓浓的家国情怀和文化传承的力量。三餐四季，美食不停。

正月：春之食韵、咬春祈福

正月，新春伊始，万象初新。

立春，是二十四节气之首，民间有“打春”习俗，人们在这一天迎接春耕、祈求丰年、庆祝春天到来。俗语“春打六九头”指冬至“数九”之后第六个开头的“九”当天“立春”。

立春这一天，北方吃萝卜，叫“咬春”，据说可以消除“春困”。在北京，上一辈人回忆儿时，总会想起街巷半夜里有人高呼：“赛过脆梨。”卖的就是萝卜。萝卜古时名“莱菔”，与“来福”谐音。

立春，讲究吃“春饼”，用一张薄薄的烙饼，把酱肉、熏肉、盐腌肉、菠菜、韭菜、豆芽菜、鸡蛋等，卷在一起，就有了春天的色彩、口感和希望，预示着一年“丰稔”。

长长的河道连接南北，大运河沿线城市传统春饼口味各有特色。

南端的杭州、苏州，春饼是甜的、咸的、复合味的：一种单用去皮柿饼切条后裹在饼里；一种将柿饼去皮后捣烂，加熟咸肉条卷成饼；一种把咸肉、腰花、蒜花、黑枣、胡桃仁加糖斩碎后卷入饼中；一种用面皮包住猪肉末、鸡肉块、火腿丁、时令蔬菜、粉条后用油炸脆；嗜甜的，在饼里多加甜豆沙。

大运河往北，口味也有偏好，北方的春饼用热水烫面、麻油烙熟，再刷甜面酱，酱上铺羊角葱丝、咸肉丝、酱肘子丝、熏鸡丝、叉烧肉丝等，卷在一起，口感丰富。有一款招牌“春饼和菜”，是用面饼裹住豆芽、韭菜、黄花菜、鸡蛋和粉条，把各种菜杂在一起，寓意“和”。

把萝卜、韭菜、羊角葱、青蒜、春饼一起放

在盘中，就叫“春盘”；因为主要的食材有“辛”味，所以也叫“辛盘”；如果差不多是五种带有“辛、香、发散”性质的食物，如小蒜、大蒜、韭菜、葱、芥、芸薹（tái）、蓼（liǎo）蒿、胡荽（suī）、萝卜、芹菜等任意组合，就叫“五辛盘”。

杜甫在《立春》中写道：“春日春盘细生菜，忽忆两京全盛时。”“两京”指长安和洛阳，“春盘”里有那些年关于早春美好的回忆。苏轼的《浣溪沙·细雨斜风作晓寒》里有“雪沫乳花浮午盏，蓼茸蒿笋试春盘。人间有味是清欢”，这一盘里，装着满满的诗情。宋朝豪华的御赐春盘里有“翠缕红丝、金鸡玉燕”，传说“每盘值万钱”。

从发音角度分析，五辛盘及其所选食材名称都有特定喻义。“辛”与“新”、“韭”与“久”，长长久久，喻示在新的一年中付出就有收获，“葱”与“聪”指聪明伶俐，“芹”与“勤”代表勤劳致富，

"蒜"与"算"同音，表示精于算计不吃亏。此外，因为数字"五"在传统文化中能够"以少统多"，囊括所有，如五音、五色、五味、五行、五方等，所以"五辛盘"也表达全面的祝福和希望。

旧时，正月里还有一种小吃叫"孛娄花"，就是"爆米花"。把白糯米放在釜里密封，釜下用明火加热、转动，一段时间后打开密封盖，发出"砰"的一声巨响，釜内糯米爆开，似一朵朵洁白的花，是孩子极喜欢的食物。小孩子小时候大多喜欢吃新鲜出炉的爆米花，但最怕那声爆响，不过为了吃，怕是可以往后靠的。不仅糯米可爆，玉米也可爆。再往后，不仅正月吃，一年四季都能吃上了。

农历二月：龙月食俗、福满人间

农历二月初一，古人认为这一天是太阳的“生日”，在唐代叫“中和节”。人们在这一天祈祷丰收，北京大街上有“太阳糕”卖。太阳糕是一种上面有一只“小鸡”作点缀的糖糕，又叫“太阳鸡糕”“鸡糕”，主要用来祭祀“日”，就是祭拜太阳，每年只有这个时间卖。这只“鸡”代表“乌”，也就是“金乌”，《山海经》里和“太阳”关系密切的神鸟。

农历二月初二，这一天就是一般认为的“中和节”，俗称“龙抬头”。北方民间谚语说：“二月二，龙抬头；大仓满，小仓流。”这日之后，雨水渐多，农作物开始生长，人们盼望秋季能够丰收，粮食装满粮仓，所以这一天也叫“上工日”“挑菜节”“迎富日”“春龙节”“春耕节”，体现

人们祈祷丰收的愿望。在山东，人们会在这一天用灶上的烟在地上画一条龙，叫“引钱龙”，龙来了，雨也就来了，害虫因为害怕龙就躲起来了；没有虫害的农作物长得好，钱也来了。北方还会用黍面和枣做成糕，用油煎，叫“熏虫”，也是一样的目的。

二月二这一天，饭食都以“龙”为名，水饺是“龙耳”“龙牙”，春饼是“龙鳞”“龙皮”，面条是“龙须”，米饭是“龙子”，元宵叫“龙眼”，锅贴儿叫“龙爪”。只要和龙有关，就有了好兆头。

二月初二的吃食都有美好寓意，南方也不例外。苏州“撑腰糕”，是把年饭剩下的隔年的年糕切成片，用油煎了吃。白白的年糕片被煎出油油的黄色，老人说吃了可以强筋健骨，补益身体，腰不痛。清人蔡云有诗：“二月二日春正饶，撑腰相劝啖花糕。”“花糕”就是撑腰糕。杭州有吃“蓬糕”的风俗，即用米粉做糕，把蓬叶放在糕上，淋上糖浆或者洒上糖粉。

明朝有“火室”，类似现代的温室，用来培植一些较昂贵的非应季果蔬。二月初，北京“王瓜”上市，产自本地的最好，这并非室外生长的，而是种在“火室”中，早春就可以结出小果实。之所以叫“王瓜”，大概是因为这种瓜最先上市，就像鲔鱼称为“王鲔”一样。“王瓜”其实就是我们熟悉的黄瓜。因为有些方言中，“王”和“黄”发音相近，所以就有了这两种叫法。二月上市的新黄瓜特别贵，即便品相不太好的也值钱，清代有一首《京都竹枝词》说：“黄瓜初见比人参，小小如簪值数金。”一根如指头般细长的黄瓜，价格高昂，主人常用它来招待贵客。当然，随着现代农业技术发展以及运输越来越便利，二月的“王瓜”已经不稀奇了。

农历三月：禊饮踏青、野菜尝鲜

夏历的三月初三是“上巳日”，这是三月的第一个“巳”日，古有“修禊（xì）①”“禊饮”“祓（fú）②禊”的习俗。这一天人们要找一处临水且风景优美处，边玩边吃，即景抒怀，十分惬意。

文人雅士极爱“三月三”，杜甫的《丽人行》中有“三月三日天气新，长安水边多丽人”。东晋王羲之的《兰亭序》中“暮春之初，修禊事”，就是他在“三月三”这日与一众好友禊饮踏青，吟诗作画。大家分别坐在会稽兰亭清溪两边，等着盛满酒的觞自上游顺流而下，停在自己面前，拿起来，饮尽，赋诗，这就是“曲水流觞”。刘禹

①指用水清洁身体。

②指去除不祥。

锡《三月三日与乐天及河南李尹奉陪裴令公泛洛禊饮各赋十二韵》写道："洛下今修禊，群贤胜会稽。盛筵陪玉铉，通籍尽金闺。"这是在唐代洛阳，他与白居易一起畅游的那日。晏殊《奉和圣制上巳日》："青阳三巳日，佳气九城中。洛饮传周俗，溱诗载郑风。"韦嗣立《奉和三日祓禊渭滨》："乘春祓禊逐风光，扈跸[①]（hù bì）陪銮渭渚傍。"写的都是这一天。

祓禊风俗始自周代，洛阳是隋唐大运河的起点，洛水、渭水等大运河重要水道，也都是踏青、游乐、宴集的好去处。

三月三这一天，将头一年剩下的年糕切片，用油煎熟，称为"眼亮糕"，传说吃了可使眼睛明亮。这一天女士头戴荠菜花，也有避免头晕，

①随侍皇帝出行至某处。跸，指帝王的车驾或行幸之处。

使目清明的喻义，所以当日的荠菜花俗称“眼亮花”。荠菜花在南京可以用来煮鸡蛋，在苏州可以插在灶上避虫蚁，能“熏虫”。

“青团”是绿色的，也叫“清明粑”，主要用野艾和面做成团子，中间豆沙馅或鲜肉馅。上海的青团用雀麦草汁和糯米粉做皮，包豆沙或是枣泥。

春天的地里，野花遍布，小草丰美，最适合踏青，田间有荠菜、马兰头、香椿头、蒲公英等野菜可供采摘。

荠菜清甜，“谁谓荼苦，其甘如荠”，就用荠的甜味类比苦菜，虽苦却回甘。餐桌上，荠菜包子、荠菜饺子、荠菜豆腐都是家常美味。

马兰头在沸水里焯熟，切成碎末，拌上麻油、酱油就是一盘开胃小菜；加点豆腐粒，用模子压成方形或心形，点缀上几粒红色的果子，摆上桌

显得别致可爱。豆腐的浓香加上马兰头的甘脆，细腻中带着疏朗，是原野的味道。

香椿头是香椿树的嫩芽，一般长在高高的枝头，适合边玩乐边爬树采摘，带回家炒鸡蛋，做成凉菜或者裹上面粉炸脆都好吃。香椿香味特殊，吃过的人都会记得它的味道。

蒲公英的嫩芽也是一味野菜，可用来包饺子，野外、田间、公园里到处都可以见到弯着腰采它们的大叔大婶。

大运河的南北，春色来得或早或迟，风俗也不尽相同，但这份快乐却是一样的。

农历四月：立夏尝新、糕果飘香

夏季，烈日炎炎，万物舒长。

立夏当天吃樱桃、青梅、麦子，这叫“立夏见三新”。其中，樱桃，是一年中所有果子里最先成熟的，所以是“一岁诸果新味之始”。麦子象征着“一岁五谷新味之始”，四月收获，磨成面炒熟，加糖拌食，就是“凉炒面”。

立夏这一天，在运河南端的江苏、浙江，樱桃和新笋是最重要的时鲜，摘下来即刻送上商船日夜兼行运到码头，保证食材新鲜。运河北端的北京，芦笋与樱桃同食，也是习俗。

这一天，还要吃李子、蚕豆、笋、芥菜、馒头、面筋、咸鸭蛋、谷芽饼、玫瑰花、笋鸡、白煮猪肉、包儿饭，等等。包儿饭要选上好精肥肉，加入切成豆大的姜、蒜炒熟拌饭，再用大莴苣叶

包起来吃。

北方农历三四月间，榆树开花长出了果子，形似一串串铜钱，故名“榆钱”。摘回家，加入面粉和糖，蒸熟，就是“榆钱糕”，清香软甜。

农历四月初八，北京有吃“不落夹”的风俗。不落夹用苇叶包糯米蒸熟，味道和粽子相近。还有种用糯米面做皮，里面包馅的“窝窝”，也叫“不落夹”，和现在市面上卖的“艾窝窝”差不多。“艾窝窝”“豌豆黄”“驴打滚”“切糕”作为特色小吃，在北方十分常见，同样的食材，加上“御膳”两字价格要翻好几倍。豌豆黄是把豌豆研成泥，夹枣肉蒸熟，再切成小方块，澄黄清甜。驴打滚是将黄米粘面蒸熟，裹上红糖作馅，再放到炒豆面中打滚，使成球形，豆面香，黄米粘，红糖甜。切糕用黄米面（或加糯米粉）加小豆、枣肉，蒸熟，切成条状或块状，用荷叶或青菜叶盖着“出摊”，颜色鲜艳，温温软软，微甜，价格便宜。

农历四五月间，苋菜上市，与蚕豆、茭白并称江南“初夏三鲜”。“三鲜”也有其他搭配，苋菜、蚕豆和杏仁是“地三鲜”；樱桃、梅子和香椿为“树三鲜”。

苋菜原产中国，甲骨文中已有“苋”字，主要有白苋、赤苋、紫苋、五色苋、人苋、马齿苋六种。苋菜做羹、油炒、煨汤均可，或加虾米同煮，或加大蒜炒食，或切段腌糟，拌在饭里，将饭染成红色、绿色，喜庆、鲜艳。吃的口味没有“一定”，搭配得宜就好，主要还是喜欢。

农历五月：端午纳福、夏至面香

农历五月初五端午节有祭祀的风俗，伍子胥、曹娥、屈原、陈临、介子推、蚕神、农神、财神、钟馗、张天师都在这张祭祀“名单”里。

苏州是端午节“龙舟竞渡”的发祥地之一，传说是越王勾践为纪念伍子胥的忠心而设。绍兴一带，要在端午节纪念“孝女”曹娥；湖州祭财神；浙江还有祭拜药王神龙的传统。

这一天，“赛龙舟”吸引大家驻足观看，宋代开封的金明池，明清两代的西苑，各地的江、河、湖、塘畔，人群聚集，一边看龙舟会，一边游乐、饮食，杯盘之声与竞渡呼声此起彼伏，共奏一曲快乐的交响乐。

苏州山塘一带宽阔的水面排满了船，即使入夜人们也热情不减。水中燃放数万盏灯烛，波光倒映着月影，人间灯火与天上星辰相互辉映，这就是著名的“灯划龙船”。

五月初五，也是北方的“女儿节”，小女孩要佩灵符，簪榴花。

吴自牧的《梦粱录》描写了当时开封如何过端午：市场上卖用菖蒲、艾叶做成的“小儿”形象挂件，系在身上用来辟邪、避毒；店铺里陈列着用菖蒲或通草编制的“天师驭虎像”，“天师驭虎像”的周围悬挂的“五色”菖蒲；或者摆设大型“百虫”形象，四边放葵、榴、艾叶、花朵；朋友相约去游玩，互赠糖蜜、韵果、巧粽、夏橘。

农历五月又称“恶月”，因为这个月蚊虫生长速度快，各类毒虫出现频繁，所以“禳（ráng）解灾邪”也是端午节重要的民俗。五月初五，各地都有在大门上悬菖蒲、插艾条的风俗；孩子要携带“端午锦”“香囊”，内装樟脑、雄黄等香味料，用以避虫；喝菖蒲酒，在耳鼻上涂雄黄，吃杏、黑色桑椹也是为了驱毒虫。民间谚语说：“吃了端午杏，一年不害病；吃了端午桑，一年不害疮。”杏子和桑椹是时令水果，酸甜可口，效用也明确。

在饽饽上做出蝎、蛇、蛤蟆、蜈蚣、蝎虎等毒虫造型，就是“五毒饽饽”（五毒饼），浙江、江苏、河北、北京等地用其馈送亲友，都是顶好的礼物，有“百毒不侵”的好喻义。此外，黄焖鸭子、水晶肘子、桃子、茄子、长豆、黄鱼、黄鳝、绿豆糕、卷饼、粽子，等等，都在这一季的“美食榜单”上，要尽量吃全。

端午的“重头戏”当数粽子。粽子又叫“角黍”“菰黍”“香黍”，用箬叶包糯米或用茭白叶包黍米，形状如牛角的，叫“角黍”；用茭白叶包糯米的，叫“菰黍”“茭粽”。这些名称在苏东坡的诗里都找得到，如“菰黍献时芳”“香

农历五月

黍筒为粽”“乡黍复缠菰”“翠筒传角黍”，可见当时已流行。白居易在苏州任刺史时，对粽子印象很深，他说：“忆在苏州日，常谙夏至筵。粽香筒竹嫩，炙脆子鹅鲜。”粽子用竹筒装着，就是“筒粽”。

《诗经·黍离》：“彼黍离离，彼稷之苗。行迈靡靡，中心摇摇。知我者，谓我心忧；不知我者，谓我何求。悠悠苍天，此何人哉。”“黍”和“稷”，这两种粮食，在相当长一段时间内在农业社会生活中占据极其重要的地位。

端午粽子品类繁多，“红枣粽”以红枣做馅，“鲜肉粽”用鲜肉做馅，“豆沙粽”内包豆沙，“白粽”里是白糯米。传统“碱水粽”用草木灰浸泡黍米，再用茭白叶包起来；北京的“二米粽子”要用黄米和糯米两种米，加点小枣，用苇叶包裹，外系马兰草。

大运河沿线，不同形状和味道的粽子在端午这一天都被摆上桌，包着松子、栗子、红豆、胡桃、麝香、杨梅、蛋黄……牛角粽、三角粽、四角粽、菱角粽、锥粽、秤锤粽、九子粽……咸的、甜的，方的、长的，淡口的、原味的，蘸白糖、玫瑰酱、果酱……因为不同，所以丰富。

夏至是一年中日照时间最长的，此日一过，北半球的白昼日渐缩短。

民间有俗语："吃过夏至面，一天短一线。"山东有"冬至饺子夏至面"的习俗；无锡则是早吃麦粥，午吃馄饨，讲究"夏至馄饨冬至团，四季安康人团圆"。这一天，用小麦、蚕豆、赤豆、红枣、苡仁、芡实和粳米同煮粥，叫"夏至粥"；加入蚕豆和小麦煮的饭，就是"夏至饭"。

吃面，南北东西都讲"味"，又各有"花样"，佐以火腿、鸡丝、虾鱼蟹、猪牛羊、山珍、海味、时蔬等，配以醋、酱油、香油、蒜、韭菜等，就能做出不同口味；汤之、炒之、拌之，阳春面、炸酱面、打卤面……苏州有一种夏天常吃的臊子面，叫“鳝鸳鸯”，因为有两种浇头，一种是切成小方块的卤猪肉，另一种为黄鳝丝，猪肉和黄鳝取“双”之义叫“鸳鸯”；以鳝为贵，所以叫“鳝鸳鸯”。沈钦道《吴门杂咏》中“红日半窗刚睡起，阿娘浇得鳝鸳鸯”，满满的童年回忆就是它。

农历六月：伏天吃饼、暑食清凉

从夏至这一天开始算，第三个“庚日”[1]为“初伏”，到第四个“庚日”为中伏，立秋后的第一个“庚日”为末伏，加在一起就是“三伏天”。入伏后田间开始种“秋菜”，“头伏萝卜二伏芥，三伏还能种荞麦”，伏天最热，农民在地头耕种个个挥汗如雨。

“三伏”怎么吃，北地有俗语：“头伏饽饽二伏面，三伏烙饼摊鸡蛋。”初伏吃水饺，二伏吃炸酱面，三伏吃烧饼，这种饮食习惯直至现在北方还保留着。

---

①中国古代用天干地支合并记时间，天干有10个，甲乙丙丁戊己庚辛壬癸；地支有12个，子丑寅卯辰巳午未申酉戌亥。把它们相配，就得甲子、乙丑、丙寅等。由于数量不对等，所以每隔10天就会出现一个庚日，如庚子日、庚寅日、庚辰日等。夏至开始，数到三个庚日就是初伏的第一天。

“饽饽”是一大类，其中有的近似水饺，皮里包着馅，捏紧成特定形状，煮、蒸、炸、烤都行；有的近似馒头，由粗粮制成，实心。姚元之在《竹叶亭杂记》中记载：“饽饽，古之饆饠（毕罗）也，按今京中书为饽饽。”在当时的北京，饽饽有硬面饽饽、发面饽饽、杠子饽饽、笪子饽饽、实子儿饽饽、煮饽饽之分。“饽饽”与“磨磨”发音相近，杨慎的《升庵外集》中引前人记录：“北人呼为波波，南人讹为磨磨。”从发音角度来说，饽饽、磨磨、波波、馍馍发音相似，或是同一种食物在不同地区口音的差别，但这样的判断还须见到实物佐证。

三伏吃饼，佐以鸡蛋，再加点肉，就是“贴伏膘”。

从前冰箱不普及，初伏开始，天气炎热，市面上有商铺用苏叶、藿叶、甘草熬汤加冰，叫“暑汤”，免费赠与往来的行人。

盛暑，江南饮食喜清新，常用“冰果”招待客人，把鲜核桃、鲜藕、鲜菱、鲜莲子等放到碗中，加上一些小冰块，沁凉解暑，清脆甘润。苏州水系发达，物产丰富，柑橘、菱角、香粳米、鱼子都曾为贡品，荸荠、茭白、莼菜、菱角、芡实、莲藕、茨菰和水芹合称“水八仙”。

夏季，是清凉饮料的主场，品种多，配方也多。把忍冬花（金银花）和菊花泡在一起，叫“双花饮”，清凉解暑。将酸梅（乌梅）用开水浸泡，或者在水中煮沸，加冰糖、桂花、陈皮，冰镇后饮用，就是“酸梅汤”，酸甜浸凉。北京的夏天以前有小贩挑担卖酸梅汤、酸梅粉、酸梅糕，沿街边走边吆喝，什刹海一带生意好，走到那里要多停一下。大家伙儿在水边吹着凉风，嬉戏、唠嗑，嘴里的梅子酸酸甜甜，这就是夏天的味道了。

六月，西瓜上市了，种类繁多，名称不一。

大运河南端的苏州，郊外不同地界出产的各有别名，双凤镇法轮寺附近有“寺前瓜”；长洲大姚村有“算筒瓜”，颜色偏白；昆山杨庄的有“金子瓜”，个头不大，籽呈金色；吴县

跨塘荐福山有“荐福瓜”；虎丘有“徐家青”。
苏州河道发达，小贩用小船运瓜，到河港叫卖，

就是常说的“浜瓜”“叫浜瓜”了。

大运河北端的北京，有阵子西瓜市场在阜成门外月坛附近很繁荣，庞各庄、良乡、涿县、保定、德州产的西瓜都在那里售卖，品种极多，“画眉子”“大三白”“绿三白”；保定的“花皮瓜”“锦皮瓜”；德州的“枕头瓜”都有。买到西瓜后，人们一般并不急着吃，而是会把西瓜沉到水井里浸上三四个小时，俗称“湃（bá）西瓜”。湃好后切开，味甜、瓤沙，凉爽自然，消暑最佳。

西瓜一直可以吃到立秋以后，立秋前后有赠送西瓜的习俗，名“立秋西瓜”，与《诗经·豳（bīn）风》“七月食瓜”意相合。

农历七月：七夕巧果、秋味渐浓

七月七日，是“七夕节”“女儿节”“小儿节”，也叫“兰夜”（农历七月又名“兰月”）“巧夕”“星期”[①]，相传牛郎织女于此日在鹊桥上相会，要张挂“七夕牵牛织女图”。

这一天，大运河沿线城市的街市上卖“巧果”[②]；有的用剪子把面饼剪成花、鸟等形象，放在油中烙至金黄，再洒上黑芝麻点缀。油果子、炸糕在七夕也算“巧果”，对上一个“巧”字。

旧时，女孩们较少出门，但这一天是“女儿节”，她们可以光明正大地外出聚会。通常由一人做东办“巧节会”，邀请小伙伴们到家里做客，

---

①牛郎星和织女星相遇。

②一种用糖和面糅合，做成“苎（zhù）结”“方胜”等形状，炸脆的小点心。

摆上瓜果、茶水、饮料、糕饼、蔬菜、肉脯、巧果等零食，夜晚在院子里乘凉，一边看银河，一边吃小食，做小游戏，说心里话。这一晚，受邀的女孩就住在主人家，第二天再拿着主家备好的礼物各自返家。回忆美好，足以珍藏一生。

秋季，禾谷成熟，日朗景澄，丰收时节。立秋日，北方有“贴秋膘”的习俗，照例要吃肉。肘子、红烧肉、肉饺子、肉包子、肉饼、肉汤面……都很受欢迎。老人说：贴上秋膘长了肉，到了冬天不怕冻。

南方立秋日的温度比北方的高，这一天吃莲蓬、藕，晒伏姜，戴楸叶，赏茉莉、栀子、兰、芙蓉等花。

农历七月物产丰富，芡实、枣子、葡萄、栗子、核桃都应季，要是听到小贩挑着担或推车沿街叫卖：“老鸡头，才下河。”就知道卖的是“芡实”，这一声“才下河”强调刚从河里摘上来，新鲜着呢。

糖炒栗子，常和香甜的记忆联系在一起，温热软糯一入口，滋养脾胃，心里那些“疙瘩”就这样解开了。以前，炒栗子要在烧明火的灶上用大铁锅翻炒，需两人配合，一人负责看火，另一人操长柄铁勺不停搅动。夜市里，炒货店前这种操作像在表演，炉火烧得正旺，糖砂香味正浓，门前聚集一群人，说说笑笑，特别热闹。现在炒栗子用机器代替手工，有口碑、选品佳的炒货铺生意好，等待买刚出锅栗子的排着长队，大家各自看着手机，显得特别有耐心。栗子特有的香气深入人心，有时候，人们会用“熟栗香”来形容绿茶口感甘甜、层次丰富。

各地出产的栗子吃得够多，就有了品鉴经验。一般来说，南方产的个头大但质粗味淡，北方产的虽小却甘甜。鱼阳栗子，也就是燕山板栗，作为北方栗子的代表，自古以来就有名。燕山山脉出产的栗子品质高、品相好，招幌上打上固安、怀柔、迁西几个字，仿佛口感与质量就得到了保证。

其实，南方也出好板栗，江苏常熟（上虞）顶山出产的“顶山栗”，南宋时已十分有名，以香软著称，生吃脆甜，熟后软糯，因其在桂花飘香的季节成熟，当地人称之为“桂花栗子”。把栗子加工成“桂花栗饼”“桂花栗羹”，自吃、送礼都不错。

农历八月：中秋月圆、月饼团圆

农历八月十五是中秋节，大家相互赠送月饼，月饼圆圆，取“团圆”之义。

月饼又叫“小饼”“月团”“月华糕”“团圆饼”。宋朝元符三年（公元1100年）八月，苏轼准备离开廉州赴黄州上任，对来送行的张左藏说：“……小饼如嚼月，中有酥和饴。悬知合浦人，长诵东坡诗……”后人传着传着，这几句又变为：“小饼如嚼月，中有酥和饴。默品其滋味，相思泪沾巾。”天上月儿圆，地上人团圆，八月丰收了，这一天亲人要团聚。

明代，中秋节前三五天，北京的市场就开始摆摊卖果蔬，商家搭盖芦棚，棚内堆积货架，货架上菜筐层层码满桃、梨、枣、石榴、葡萄、苹果等应季果子，台心菜、黄芽菜、菠菜、芋头、山药、韭菜、大葱、小瓜等各种时蔬也是刚从地里收获的，灯光在夜里晃悠，打眼一望，红黄绿相间，喜气宜人。

以前，月饼自八月初一起出售，到十五，各户买足了月饼和时鲜瓜果，在院里中庭放上条案供桌，将月饼、鲜果、干果堆成“月饼塔”，取“蟾宫折桂”的好彩头。祭月之后，家人开始晚宴。这一天也叫“团圆节”，家人如有外出的，要赶回自己家。中秋剩下的月饼，保存在干燥通风之处，至年末一家人再分而食之，这叫“团圆饼”。

收获的季节，不仅有月饼，炖肉、烙饼、藕盒子、糖芋头、桂花鸭……也要安排上，都是团圆、丰收的味道。中秋月夜，家人朋友聚在一起赏月，边吃边看边玩耍，最好在水边，抬头看一轮明月，低头又见那轮月华。

每一处照见天空的水面都有这样一轮圆月：

苏州虎丘至阊门的河道中，灯火如繁星，画舫如织，两岸比白日还热闹，一场场美食盛宴正在开启；苏州山塘的窗前月下，好久没有来往的朋友过来了，邻里也聚在一起，吃着月饼、菱角、栗子、芋艿，喝几口茶，真是惬意。

唐朝的东都洛阳，北宋的东京汴梁，这一天夜里，王孙公子、富家巨室要登危楼临轩赏月，在水榭中布置琴瑟，罗列美食，把酒吟诗，彻夜欢歌；没有那么富裕的人家，会在月台上摆宴席，合家团聚；哪怕是穷人，也须换点钱买酒食，因为这一天太重要了，这一天是大家的节日。洛阳的天街通宵有商贩做买卖，游人观月不舍离去，在街巷游荡，金吾卫在这一天不禁此举，不会多加管束，以便大家尽情玩乐。唐庚的《中秋遇雨感怀呈世泽彦直》：

初游东都年二十，清欢趁得中秋及。
高阳会中酒徒集，惠和坊里绣鞍入。蟹
螯尝新左手执，鸡头未搓光玉粒。杯行
到手不待揖，明月清风供一吸。

黄庭坚的《和世弼中秋月下咏怀》：

一年中秋最明月，也照贫家门户来。
清光适从人意满，壶觞正为诗社开。

这一夜的月色最亮，所以也叫“月夕”，也就是我们说的月末。

月夕，苏州石湖边九孔行春桥，人们守候“石湖串月”的奇景，在有53孔的宝带桥边等待“宝带桥串月”，传说每一个桥洞的倒影都会有一个“水中月”在其中，串起来就是“串月”，但要有缘

才能看见。

中秋，钱塘江上月色明亮，白天在浙江亭观潮的一群人，夜晚在城中湖上宴饮，等待“银蟾”出海。夜深船静时，波平浪静，月色如练，就像在广寒宫内一般。水道相连，此湖接彼湖，湖中有数十万盏红羊皮小水灯浮在水面，灿如繁星，在月亮跃出时闪烁，就像众星拱月一般。

水和月总是特别相配，大运河流经的水域，杭州西湖有“三潭印月”“平湖秋月”，扬州瘦西湖有“二十四桥明月”，无锡太湖有“石公秋月”，北京有“卢沟晓月”……每一处倒映着明月的水面都美，桥上有月，桥下也有月；眼前有月，彼时也有月；他乡有月，故乡也有月，月亮的倒影在眼中，心湖里泛起涟漪，思念和憧憬不期而至，那些和身边人一起吃一起笑的日子，仿佛就在眼前了。

农历九月：重阳糕香、菊韵悠长

农历九月，明朝时，这个月要给宫里进献菊花，这个月，还要糟瓜茄，糊房窗，腌制各种蔬菜，抖晒皮衣，制衣御寒。

九月九日重阳节，“九九”与“久久”同音。在这一天，皇帝要驾幸万寿山，或兔儿山、旋磨山登高；吃花糕、迎霜麻辣兔，饮菊花酒。各地民间有登高、宴饮的活动，赏菊、插茱萸，饮菊花酒，吃重阳花糕都是“传统项目”。这一天的菊花称“延寿客”，茱萸是“辟邪翁”，汤水和酒里也放菊花瓣和茱萸，能悦目、益健康，寓意好。

重阳节也叫“女儿节”，父母要迎接出嫁的女儿回门吃花糕，无论什么原因接不到，母亲和女儿都会伤心。

重阳糕也叫“花糕”“菊花糕”“重阳花糕”“狮

蛮栗糕”。河北一带，用面和枣蒸出的，叫菊花糕。北京市场上出售的花糕有花糕旗[①]作为统一标志，有多种口味。南方重阳糕多用糖面蒸熟作底，面上装点猪羊鸭肉丝，也插上小彩旗。宋代有一种“狮蛮栗糕”，将五色米粉捏成“狮蛮”的形状，插上小彩旗；又将栗子肉碾成末，加枣肉、麝香、糖、蜜，糅合，捏成小饼或“弹珠儿”模样放在“狮蛮”下面，小孩子最喜欢。

秋菊，好看又好吃。菊花可以泡酒、泡茶，有一款“菊花锅子”在暖锅里加入白菊花瓣，汤沸下鱼片、鸡肉片、牛肉片、蔬菜等，喝汤吃菜，甚为快意。这一餐，菊花清香、肉菜鲜甜，也算是“夕餐秋菊之落英”吧。

秋菊品类繁多，“万龄菊”“桃花菊”“喜

---

①糕上插着五色彩旗。

容菊”“金铃菊”“金盏银台菊”“银线重楼”“紫袍玉带”“紫凤朝阳”“潇湘妃子”“杏林春燕”“大红袍”“桃花扇”“方金印”“玉虎须”“绿牡丹”“香白梨”，等等，林林总总好几百，大小姿态各不同。东晋陶渊明“采菊东篱下”那种悠然的生活，在菊花开放时节似可领略。

农历十月：秋蟹肥美、宴享金秋

“九月团脐十月尖”，农历九月的雌蟹最受欢迎，而农历十月，水边泛着月光，稻粱禾黍也已经熟透了，此时的雄蟹，最为肥美。

宴席上，螃蟹通常是“主角”。《红楼梦》第三十七回《秋爽斋偶结海棠社　蘅芜苑夜拟菊花题》写道：

> 宝钗道：“这个我已经有个主意。我们当铺里有个伙计，他家田上出的很好的肥螃蟹，前儿送了几斤来。现在这里的人，从老太太起连上园里的人，有多一半都是爱吃螃蟹的。前日姨娘还说要请老太太在园里赏桂花吃螃蟹，因为有事还没有请呢。”

黛玉道：“你们只管吃去，让我自斟，这才有趣儿。”说着便斟了半盏，看是却是黄酒。

席间，宝钗作一首《螃蟹咏》：

桂霭桐阴坐举觞，长安涎口盼重阳。
眼前道路无经纬，皮里春秋空黑黄。
酒未敌腥还用菊，性防积冷定须姜。
于今落釜成何益？月浦空余禾黍香。

桂花飘香，也是吃蟹的“信号”之一，京城食客盼着从运河那一头运来的蟹。苏州盛产螃蟹，早在春秋时期就有因田里蟹太多以致吃掉稻种的传言，吴国“稻蟹不遗种”记录了这件事，吴地谚语“虾慌蟹乱”即描绘虾蟹密密麻麻、又多又乱的场景。宝钗家铺子里的伙计送来的蟹，也是从田里捕捞上来的，这样与人争粮食的蟹，吃起来既鲜美，心理上也没什么负担，正可大快朵颐。

塘、潭、湖、河、海里都产蟹，运河边的渔人懂得区分不同水流中蟹的滋味，比如一直长在江苏湖里的，和从湖里迁徙到淮河里的味道不同，湖蟹小但是味厚，淮蟹大但是味淡，所以蟹还是湖蟹可口。大运河水网密布，运输便捷，人们就有更多选择：阳澄湖大闸蟹，青壳、黄毛、红脚、金爪，肉质膏腻；太湖蟹，色黄、壳软、体壮，到冬天都肥美，有“十月雄”之称；洪泽湖蟹，雄蟹脂白如玉，雌者膏黄如金；高邮湖蟹，膏肥、脂腴、馥郁；宝应湖蟹，膏肥体大；微山湖大闸蟹，青壳、白肚、金爪、体壮膏肥，肉质清甜……还有昆山蔚洲村“蔚迟蟹”、常熟“金爪蟹”、南京固城湖大闸蟹、湖北梁子湖大闸蟹、江西军山湖大闸蟹、辽宁盘锦“溜达蟹”，包括海里的海蟹，都经这四通八达的水道来到了各处食客桌前。

吃罢，用苏子叶汤或者飘着菊花瓣的茶水洗净手，抬头看看蓝天白云，秋天的味道就是如此吧。

“闸蟹”即“煠（zhá）蟹”，“大闸蟹”是个头大的蟹，煠发音如“炸”“闸”，指把蟹放在油里或沸汤、热水中做熟吃。蒸、煮都可称“煠”，“白煠蛋”是水煮蛋，“煠毛豆”“煠花生”就是煮毛豆和煮花生。

说到吃蟹，必须要提宋人林洪在《山家清供》里记录他在吴地吃湖蟹的那十几天。农历九十月间，蟹应季上市，他们每天早晨去市场买鲜活的，拿回家蒸熟后用清醋、葱芹调味，在场的人手一只，吃完再续，席间把酒论文，真有一种“浮于湖海之滨”的豁达感。秋季蟹之肥美，就像杨万里说的：“一腹金相玉质，两螯明月秋江。”

林洪还吃到过一道菜，叫“蟹酿橙”，现在西湖边的餐厅也有同名菜肴。在林洪的时代，这道菜中“橙”要用最好的，看上去黄澄澄，个头要大，将顶部带枝部分截去一块，不要扔，放在一旁，留下备用；把橙腔内穰剜出，留少量橙汁在内，选蟹膏肉填充进去，拿起旁边带枝顶盖合上；处理好的“橙子”装入小甑中，将适量酒、醋、水淋在橙皮上，蒸熟。吃时可以蘸醋或者盐，香而鲜。

南宋文学家危稹赞美过蟹，说它“黄中通理，美在其中。畅于四肢，美之至也”。其中，“黄中通理”出自《周易》，说的是君子之道，“黄”为“五行”中央土的正色，也指身体中“脾胃”；“中”指内中、居中、中正，就是说君子、贤人有虽居于中而通达四方，通晓事物道理的美德。成语“黄中内润”也用“黄中”表示某人内美、有才。历史上，食客用“黄中通理”形容蟹之味美，因为“美”有一定的相似性，由“此美”及“彼美”，美虽

酒

不同，美意圆融。这就是语言上“假借”的用法。

说回西湖边那道“蟹酿橙”，实际上是橙汁炒鸡蛋，烩熟后装在一个掏空了瓤的橙子里，直接放在盘中端上桌。虽然也是美味，但却不同于林洪笔下的蟹酿橙了。当然，炒鸡蛋也好吃，做得好的味道简直要胜过螃蟹了，因此叫“赛螃蟹”。

农历十一月：冬至食盘、数九消寒

冬季，冰封大地。在立冬日这一天，北京有吃荞面的习俗。

冬至大如年。这一天，是北半球全年中白昼最短，黑夜最长的一天。在苏州，亲戚朋友相互赠送“冬至盘”，装上百果蜜糕、芡实糕、桂花拉糕、枣泥拉糕、板栗糕、桂花冬酿酒、团子、咸肉、熏鱼、卤菜等物。

南宋时，杭州人在冬至当天要吃馄饨，有人家为了新奇，会做出几十种馅，美其名曰“百味馄饨”。广东“云吞”，四川“抄手”，湖北“包面”，都是馄饨，因为地区不同，称呼也发生了变化。

“冬至团”与馄饨都在南方冬至的食谱上，单用米粉，或者用米粉裹糖、肉、菜、果、豆沙、萝卜丝等馅煮熟，大且有馅的又称“粉团”，小而无馅又叫“粉圆”。这种团团圆圆、满满当当的样子就是“汤圆”，古人云：“家家捣米做汤圆，知是明朝冬至天。”

北方冬至吃馄饨也吃饺子，猪肉大葱，猪肉韭菜，三鲜……将猪肉、黄花、木耳、紫菜、虾米、大葱、韭菜拌上调料包在一起，煮熟、出锅、盛盘，单吃，或配上香油、酱油、醋、辣椒调和的蘸料，味道丰富又令人满足。

从冬至这天开始“数九”，作“九九消寒图”，图上有八十一个梅花瓣，已勾好轮廓但未着色，一天用颜色涂一瓣，过九九八十一天，待花瓣全填满了色，就意味着寒尽春来。用空间计算时间，一瓣一瓣地期待，暖意渐生。

农历十一月

农历十二月：腊八迎新、岁末团圆

明人刘若愚在《酌中志》记载，明朝，北京从农历十二月初一起，以家庭为单位开始购买猪肉来做腌腊。这个月，要吃灌肠、油渣、卤煮猪头、烩羊头、爆炒羊肚、酒糟蚶、糟蟹、煠银鱼，等等。

农历十二月称“腊月”，一来蜡梅盛放，二来古时岁终之祭称为“腊（蜡）祭”，人们在这个月祭祖、祀神，总结一年的收成，也期盼来年有好收获。从先秦起，“腊八”已是祭祀祖先、祈求丰收吉祥的节日。在腊月初八喝的粥，叫“腊八粥”。

旧时，十二月八日这天，宫里赐粥给百官；民间亦作腊八粥，用米和诸果煮在一起，用料品类多的更好。

大运河沿线各地几乎都喝腊八粥，但各处放在粥中的“料”却有差别。北方的腊八粥，用黄米、白米、江米、小米、菱角米、栗子、红豇豆、去皮枣泥等，合水煮熟，外用染成红色的桃仁、杏仁、瓜子、花生、榛穰、松子以及白糖、红糖、琐琐葡萄作点染而成；要注意粥里不能加莲子、扁豆、薏米、桂圆，因为“伤”味；腊月初七就要为熬粥准备原料，剥果涤器，夜里开始煮粥，一夜不眠，到天亮粥就熟了；腊八粥要祭祀、供佛、分馈亲友，但必须在初八中午以前做完这些事。

实际上，腊八粥的“配方”并不固定，“伤味”的莲子、薏米，却是其他人家的“标配”。用各色米，加豆、菱角、芡实、枣栗、莲子等，熟煮成糜，盛出时还要加染成红色的桃仁、杏仁、花生、瓜子，葡萄干、青红丝、黑白糖作点缀；腊八当天五更开始煮粥，熬好后，要先祀祖供佛，再馈赠亲友；家里的猫、狗、鸡等动物，也要给它们吃粥；并且，墙壁、树木等处，也要用粥来涂抹。可谓面面俱到，这足见“腊八粥”对于家庭来说十分重要。

腊八粥配料有多有少，可只用大米、白菜、豆腐；也可用高粱米、菽米、薏仁米、小米、江米、麦角米、黄米、大米等组合；河南主要以小米、绿豆、豇豆、麦仁、花生、红枣、玉米为原料；杭州用胡桃、松子、乳蕈、柿、栗；“细腊八”指加入豇豆、金针菇、木耳、豆腐、茨菰；“粗腊八”加入青菜、黄豆、蚕豆、豆腐、胡萝卜、荸荠；山东“孔府食制”记录用桂圆、莲子、百合、栗子、红枣、薏仁、粳米（有时也用到花生米、豇豆）来熬粥，吃时还要在碗中加上雕刻成各种形状的水果作“粥果”。

腊八粥有美好的寓意，承载着人们祈盼五谷丰登的愿望。这一天喝的粥也叫“五味粥”“七宝粥”，“甜口”“咸口”都有，各色米，各种豆，青菜、胡萝卜、白果、芋头、山药、木耳、枸杞都可以加到这一锅粥里，粮食是老一辈人心中的

“宝中宝”。腊八粥配料基本为“素”，可能和寺院“布施”腊八粥的传统有关。

在大运河的北端，腊八当天，把蒜瓣浸到醋里，密封保存，到第二年正月开启食用，叫“腊八蒜”或“腊八醋”。蒜的颜色翠绿，味道微酸，清爽适口。“蒜”与“算”谐音，老北京喊上一嗓子“腊八蒜”，就有了年关算总账的意思，应了那句民间谚语：“腊八粥，腊八蒜，放账的送信儿，欠债的还钱。”

腊月间，有一首老北京民谣在街头巷尾传唱：

小孩小孩你别馋，过了腊八就是年，腊八粥几天，哩哩啦啦二十三。二十三，糖瓜儿粘；二十四，扫房日；二十五，炸豆腐；二十六，炖白肉；二十七，宰公鸡；二十八，把面发；二十九，蒸馒头；三十儿晚上熬一宿，大年初一去拜年。

“二十三，糖瓜儿粘”说的是腊月二十三“祭灶”用“糖瓜”。腊月二十三、二十四、二十五都是祭灶的日子，传说“官三民四船家五”，官府在腊月二十三，民间是腊月二十四，水上人家在腊月二十五。祭灶用糖，北方用糖饼、扁圆的“糖瓜”、长条形的糖棍“关东糖”；南方用胡麻糖片、胡麻条、糯米细糖、梨糕糖等“南糖”。祭灶除了用糖，枣、栗、胡桃、炒豆、黍糕等亦可，因为灶君骑马，还要为马准备“槽草”。

中原地区传唱的过年歌谣与北方基本相同：

腊月二十三，祭灶官；腊月二十四，扫房子；腊月二十五，捞豆腐；腊月二十六，割块肉；腊月二十七，杀年鸡；腊月二十八，蒸枣花；腊月二十九，蒸馒头；腊月三十，贴门齐。

腊月二十四要“扫尘”“扫房”“掸尘”。“扫尘”谐音“扫陈”，意味着除陈布新、除旧迎新，把过去一年的“晦气”“穷运”扫出门，为新年好运“腾地方”。俗语说，“一扫金，二扫银，三扫扫个聚宝盆”。除夕前，家里要去尘秽，净庭户，换门神，挂钟馗，钉桃符，贴春牌，备齐年货。除夕，农历十二月的最后一天，也叫“除夜”，当晚，一家老老少少要团聚在一起，吃“年夜饭”。

年夜饭也叫“团圆饭”“合家欢”，是一年中展示厨艺的最佳时机，这顿饭吃的时间越长越好。

清炖蟹粉狮子头（淮扬菜）、大煮干丝（淮扬菜）、清炖黄鱼（宁波菜）、锅烧河鳗（宁波菜）、咸鳓鱼炖蛋（宁波菜）、雪菜黄鱼（浙东家常菜）、爆鳝丝（绍兴菜）、八宝菜（绍兴菜）、葱焖鲫鱼（绍兴菜）、龙井虾仁（杭州菜）、蜜汁火方（杭州菜）、

博山豆腐箱（鲁菜）、清蒸鳜鱼（鲁菜）、奶汤全家福（鲁菜）、掌上明珠鲍鱼（河南菜）、酸辣乌鱼蛋（河南菜）、糖醋软熘黄河鲤鱼（河南菜）、八宝布袋鸡（河南菜）、八珍豆腐（天津菜）、奶汁全爆（天津菜）、罾（zēng）蹦鲤鱼（天津菜）、乾隆白菜（北京菜）、北京烤鸭（北京菜）、四喜丸子、桂花蒸蛋、蜜汁叉烧、板栗红烧肉、酸菜白肉、海带排骨汤、小鸡炖蘑菇、白菜炖豆腐、“一品锅”“八盆一暖锅”“什锦菜”、豆包、花馍、饺子、面条、米饭，等等，苏杭的藕，秦岭的山珍，长江、黄河、淮河、海河的水产，东海的海鲜，山间的笋、菌、蕈，池里的鸡头米、菱角、茭白……

山一程，水一程，一程赶一程，食材运来了，亲人也都回来了。楼外北风吹得猛，屋内亲朋围坐，心正暖，饭正热，炉火正旺，吃食一盘一盘上得热闹，笑语一句一句接得有趣，锅里汤水沸腾，眼角晶莹闪烁，你望着我，我望着你，这就是幸福的感觉吧。

大运河贯通南北，水上交通繁荣，商品顺水流通，人们远足到各地增长见闻，厨师也从八方赶来聚集此处，江苏菜、浙江菜、山东菜、河南菜、天津菜、北京菜、湖南菜、四川菜、贵州菜、云南菜，甚至是异国他乡的名菜，都可以同上一张餐桌，认识它，理解它，品味它，欣赏它，传承它，发展它……

团圆饭菜名有讲究：八宝代表“得宝”“吉祥”；鱼寓意“吉庆有余”“年年有余”，生活富足，鲤鱼强调得“利”有余，鳜鱼侧重富“贵”有余；白菜为“百财”；萝卜是“菜头”，也就是“彩头”；鸡是“吉”；丸子就是“团圆”；青菜豆腐可谓“清清白白”；面条祝“长寿”；馄饨喻“兜财”；荸荠为“必齐”。

饺子是“交子”，一来突出新旧交替“更岁交子”；二来有白色面皮，形似元宝，就是包住了福运；三来装在盆中如同聚宝盆，象征新的一年收入丰厚。

年糕，叫响了“年年高升”的理想，新年讨个好彩头，希望小孩子一年比一年个头高，成年人一年比一年收入高。北京、河北主要用黄米或江米，江南多用白色糯米，做出来的年糕黄色、白色都有，形状不一，方形是“方头糕”，元宝形为“糕元宝”，用肉汤煮，加白菜炒，加梭子蟹炒，摆在桌上就是一碗碗一盘盘的“金条”“白银”和“元宝”。

汤圆，看着就团圆、圆满，“吃了汤圆好团圆”，有馅的，里面包着桂花、红糖、黑芝麻，鲜肉；无馅的，是一粒粒小小的团子，煮熟后连汤盛出，加糖、酒酿，点缀上十几粒枸杞，就像甜甜的日子。

大年三十晚上，把橘子、荔枝等名字发音“吉”“利”的果子放在枕边，就是“压岁果子”，第二天醒来后吃掉，寓意新的一年大吉大利。

大运河沿线交通便利，货运繁忙，沿岸的人们虽身处一隅，却能赏天下美食。对于饮食，众口不一，有人保守，有人猎奇，品尝、认知、理解、尊重每一种口味，也是在感受其中的多元文化。

生活丰富多彩，正如食物五光十色；日子有喜有乐，正如口感酸甜麻辣，时有苦涩；人生是包容的，正如春饼、粽子、馄饨、饺子、腊八粥、年夜饭，厨者辨物知性，擅调众味，贵在均衡，组合、升华出复合的香味，色味型俱全。厨味也是趣味，尊重传统，融合创新，这是中国菜的精神，也是大运河的饮食之道。